NEUROBIOLOGIA DEL INTELECTO

LIBRO ONCE

NUEVOS CONCEPTOS EN EL PROCESAMIENTO NEURONAL

ENSAYOS NEUROEPISTEMOLÓGICOS

YURI Q. ZAMBRANO, M.D.

2014

EDITORES

NEUROBIOLOGÍA DEL INTELECTO
LIBRO ONCE:
" NUEVOS CONCEPTOS EN PROCESAMIENTO NEURONAL"

Primera Edición.

Copyright © 2014, By Yuri G. Zambrano. Respecto a la primera edición de **NBI EDITORES** en español, para todos los libros del autor asociados a NEUROBIOLOGIA DEL INTELECTO y *SUMMA NEUROBIOLOGICA*.

EDITORES
(E-mail: neuronalself@gmail.com).

International Standard Book Name:
ISBN 978-1-291-85910-2

Prohibida la reproducción total o parcial de esta obra,
Por cualquier medio sin la autorización escrita del editor.

IMAGEN EN PORTADA: "SUEÑO DE UN PESCADOR DE FRACTALES NEURONALES" **a.k.a. "LA INN-CEPCIÓN"**

Diseño e Impresión: NBI Editores

Impreso en México.

Arial 12 pts. mayor parte del texto y Bibliografías en Times New Roman, 10 pts. Títulos y estilo acordes a convenciones generales. Gráficas debidamente reseñadas y bibliografiadas, según derechos internacionales de autor.

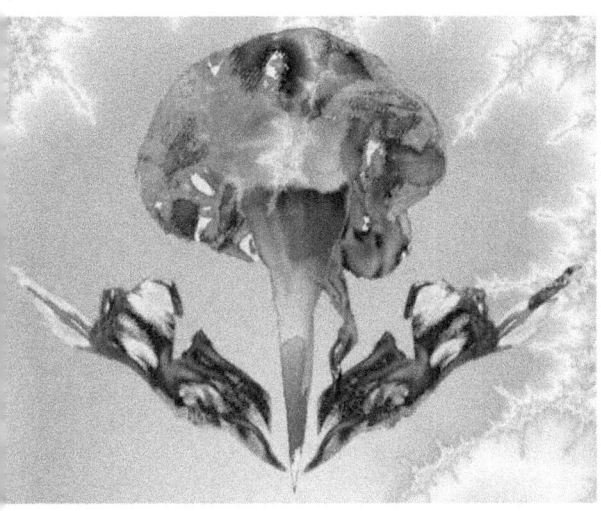

¿Cuándo comienza el aprendizaje?

Hay una brecha considerable entre conocer el nombre de las cosas, **re**-conocer el nombre de esas cosas, y entender finalmente tales cosas.

Cuando creemos comprenderlas, apenas nace el concepto.

A todo eso, hay que darle vueltas constantemente!

Tenochtitlan, Enero 22, 1989.

Le Faux Miroir, 19 x 27 cm. Óleo sobre tela.
Museo de Arte Moderno de Nueva York
René Magritte, 1928

Contenido

LIBRO ONCE

I Proemio a la edición global	……...	V
II. *Summa neurobiológica*	……………....	VII
III. Prefacio al Libro Once	………………	XIII
IV. Creencia Neurobiológica	………	XIX
V. Acrónimos	………………………...	XXI

NUEVOS CONCEPTOS EN PROCESAMIENTO NEURONAL

MÓDULO 38

CONCEPTOS CLÁSICOS ………… 1

    38.1   Organización Columnar ……..   5
    38.2   Selección Natural y Modelos
           Computacionales ……….. …   14

MÓDULO 39

CONEXIONISMO

    39.1 Antecedentes ……………..……   19
    39.2 La Interpretación Tensorial
          del Cerebelo …………   27
          BOX 11.1
          Como es Ser un Vector… ….   28
       39.2.1 Vectorizando las Redes ……   33
    39.3 El Modelo Bio-Computacional
          del ARVO. ……………..   40

MÓDULO 40

EL MODELO CONEXIONISTA PARA ACCEDER A LA FENOMENOLOGIA DE LA CONCIENCIA

    40.1 La Fórmula de la TEN 50
    40.2 El *Inn* y la Relevancia de la Función Fractal 60
    40.3 Aplicando el Patrón Fractal Coincidente 68
    40.4 El Conocimiento de las Neuronas y la Epistemología Neuronal 76

BOX 11.2
    Los Fundamentos de la Epistemología Neuronal 80

    40.4.1 Lo que Determina el Conocimiento Neuronal 86

EXCERPTA SUCINTA 91

BIBLIOGRAFIA 93

APENDICE "A"

A.1 APÉNDICE ALGO – RÍTMICO 95

    A.1.1 De los Instrumentos 95
    A.1.2 La Incidencia Vectorial Probabilística y la generación del *Input* 110

    BOX A.1 LEYES DE PROBABILIDAD 113

A.1.3 Codificación Neural de la Imagen   120
A.1.4 Aplicación de p^{n+1} en Modelos
       Columnares Neuronales   131

BIBLIOGRAFIA **APENDICE "A"**   139

A.2   SUB – APÉNDICE CUÁNTICO

A.2.1 Caracteres Cuánticos Entre la Vectorialidad de la Comunicación Nerviosa y su Concepción Multidimensional: La Analogía con el Modelo de las Supercuerdas   142

BIBLIOGRAFIA **APENDICE A-2** 161

BIBLIOGRAFIA GENERAL   163

IV

PROEMIO PARA LA EDICION TOTAL

Después de mucho considerarlo y ponderar si "Neurobiología del Intelecto", — un tratado sobre el devenir de la neurobiología y sus aplicaciones a las funciones cognitivo-intelectuales y concienciales—, debería ser fraccionado; se decidió realizar la edición de esta apoteósica obra - con más de 1500 hojas (en A4) -, integrando publicaciones más breves. Es decir, volúmenes con exégesis a manera de *epítomes* o compendios como si fueran excerptas que pudiesen ser digeribles y más abiertas al lector interesado en dilucidar los enigmas que la neurobiología nos ofrece, para entender, el cómo se estructura el curso del pensamiento intelectual.

Originalmente la obra, fue finalizada hace 10 años, en más de 64 módulos con apéndices algorítmicos que sustentan la teoría de la epistemología neuronal (TEN). Estos módulos, obedecen a la nueva perspectiva de procesamiento neuronal, basada en modelos distribuidos, donde la información es procesada jerárquicamente en columnas neuronales; siguiendo además, los cánones de reverberación sináptica Hebbiana, útiles para consolidar los procesos de memoria y aprendizaje.

La obra está dispuesta en cinco partes, dividida didácticamente en módulos, iniciando desde conocimientos muy superficiales hasta la explicación de complejos mecanismos de procesamiento neuronal que se dan en las funciones de alto orden conciencial.

Así pues, la primera parte relaciona a la infraestructura del pensamiento, describiendo la función integral molecular de la neurona hasta los mecanismos que se utilizan para generar información coherente y sincronizada produciendo actividad intelectual. La segunda y tercera partes, tratan sobre fisiología y dinámica neuronal integrativa, desde la función biofísica de canales iónicos y la liberación de neurotransmisores, hasta la explicación de la integración de redes neuronales por mecanismos de retropropagación y algorítmicos. Las dos partes finales, contienen módulos de función cerebral superior como mecanismos de memoria e integración conciencial, describiendo la actividad neuronal que subyace en los estados amplificados de la conciencia, y también en los estados básicos de conciencia.

En esta colección de volúmenes, el autor, en comprometida recopilación, busca la actualización de sus bibliografías con casi 30 años de estudio en el tema, y además orientándolo por primera vez en español, hacia la Neuroepistemología; recurriendo al método científico, a la investigación en conciencia y a las redes neuronales que la generan; completamente analizadas desde el punto de vista de la TEN.

Este trabajo se presenta como una alternativa inicial, útil para diversificar el pensamiento y abrir opciones de búsqueda a nuevos investigadores que objetivamente, conforman la substancia de la esperanza humana.

A continuación la *summa neurobiológica original,* de la que se desglosarán las exégesis pertenecientes a "Neurobiología del Intelecto".

YURI ZAMBRANO

NEUROBIOLOGIA DEL INTELECTO

"SUMMA NEUROBIOLÓGICA"

- PARTE I -
INFRAESTRUCTURA DEL PENSAMIENTO

1. QUÉ ES LA NEUROBIOLOGÍA.
Módulo

1. De los Diversos Aspectos de la Neurobiología
2. De sus Herramientas Experimentales
3. Perspectiva Pragmático-Evolutiva de la Neurobiología Conductual
4. La Neuroimagen: una Estación de Relevo Futurista

2. El Fascinante Sistema Nervioso:
LA COMPLEJA MAQUINARIA FUNCIONANDO
Módulo

5. Principios Básicos Neuroanatómicos
6. Neurogénesis

LAMINAS ANEXAS

3. LA ULTRANEURONA,
O EL PARADIGMA DE LA ESPECIFICIDAD

Módulo

7. Cómo Funciona
8. El Tráfico Endosómico de Proteínas
9. La Personalidad De Las Neuronas
10. El Sorprendente Escenario Cerebelar
11. Sinaptogénesis y Guía del Axón.

4. "EN BUSCA DEL PENSAMIENTO PERDIDO..."
Algunas Disquisiciones sobre La Frenología
y La Topografía Cortical

Módulo

12. Aproximaciones al Estudio de la Fisiología Cortical
13. El Mapeo Cortical como Herramienta en la Comprensión De La Función Cerebral.
14. Estratificación Cortical y Corticogénesis
15. La Artesanía Cortical y la Emergencia de las Funciones Cerebrales Superiores.
16. Asimetría Hemisférica
17. Cómo se genera la imagen mental

- PARTE II -
LA DINAMICA NEURAL

A. IMPLICACIONES PARA UN MECANISMO OPERACIONAL

5. ONTOGENIA DE LOS SENTIDOS Y SUS VÍAS DE PROCESAMIENTO
El procesamiento de las sensaciones

Módulo

18. La Génesis Para Cada Uno, Tiene Sentido.
19. Las Vías De Procesamiento Sensorial
20. Cómo Actúan

6. APOPTOSIS Y MUERTE NEURONAL.
(Vida, Obra y Realidades De Un Sistema Neural)

Módulo

21. La Regeneración Neuronal y Las Perversiones Neurotróficas
22. La Totipotencialidad Celular y el Recambio Neuronal
23. El Sacrificio Neuronal Programado
24. La Diversidad Terapéutica de la Regeneración Neuronal

B. DE LA CONFLUENCIA DE LOS ELEMENTOS

7. DE LOS IONES A LA MEMBRANA.

Módulo

25. El Movimiento de Iones y La Generación Del Potencial De Acción
26. De Los Fundamentos Integrativos Para la Comunicación Neuronal.
27. Proteínas De Predominio Transmembranal Implicadas en la Comunicación Neuronal.
28. La Crítica Señalización Intracelular

8. ATENCIÓN: SINAPSIS TRABAJANDO

Módulo

29. Componentes Electroquímicos De La Sinapsis
30. Liberación De Neurotransmisores
31. Modulación Presináptica e Integración Neuronal

- PARTE III -
REDES NEURONALES

9. EL PROCESAMIENTO DE LA INFORMACIÓN INTELECTUAL

Módulo

32. El Centro de Múltiples Correspondencias
33. Redes Neuronales que son Imprescindibles
34. Importancia de los Neurotransmisores en la Modulación de las redes neuronales

10. QUÉ ES UN MODELO NEURONAL.

Módulo

35. De La Neurobiología Experimental Clásica a la Yoctocomputación
36. El modelo Neural del Proceso Matemático
37. Modelos Alternos De Procesamiento en las Funciones Cerebrales Superiores

11. NUEVOS CONCEPTOS EN PROCESAMIENTO NEURONAL

Módulo

38. Conceptos Clásicos
39. Conexionismo
40. El Modelo Conexionista para acceder a la Fenomenología de la Conciencia

APENDICE ALGORITMICO DE LA TEN
(Incluye Sub-Apéndice Cuántico)

- PARTE IV -
LAS APLICACIONES DE ALTO ORDEN

12. BASES MOLECULARES PARA GOZAR DE UNA MEMORIA SORPRENDENTE

Módulo

41. Bases Neurofisiológicas y Moleculares de la Memoria
42. El Papel De Los Promotores Genéticos

13. LOS SISTEMAS DE MEMORIA Y LAS CORTEZAS DE ASOCIACIÓN

43. Sistemas De Memoria y sus Mecanismos de Almacenamiento y Recuperación
44. Su Relación con el Lóbulo Temporal
45. La Corteza Prefrontal

14. DEL OLVIDO AL NO ME ACUERDO
(Memoria Emocional y Afectiva)

Módulo

46. La Integración de la Respuesta Emocional
47. La Memoria Y Las Hormonas
48. Las Emociones: ¿Se Archivan? O Se Descartan...

15. HABLANDO SE ENTIENDE LA GENTE

Módulo

49. La Conformación Evolutiva del Lenguaje
    y la Disociación Neural
50. Cómo se Genera la Adquisición del Lenguaje
51. La Arquitectura Neural del Lenguaje Articulado

- PARTE V -
NIVELES DE CONCIENCIA Y COGNICIÓN

16. CONCEPCIÓN NEUROBIOLÓGICA DE LA CONCIENCIA

Módulo

52. Quién es ese «Sí Mismo» que Tanto Mientan.
53. Las Bases Neurobiológicas que Permiten Concebir el Problema
54. El Enfoque Neurofísico Conciencial y el Mapa Neurobiológico de la Mente

17. LOS NIVELES DE PERCEPCIÓN EN LA CLÍNICA DE LA CONCIENCIA

Módulo

55. Sueño y Coma, La Clínica Imperativa Tras La Conciencia
56. Anomalías en la Percepción, que Indican Graduación Conciencial
57. Bases Neurales para la Cognición Ultrasensorial
58. Epilepsia: La Importancia del Aura como Nivel de Conciencia

18. LOS NIVELES DE LA PERCEPCIÓN EXTRASENSORIAL

Módulo

59. Estados Alterados y Ampliaciones de la Conciencia
60. La Fenomenologia Ultrasensorial de la Materia:
    En Demanda De Los Correlatos Neurales

19. LA SUBLIMACIÓN DEL INTELECTO Y LA NEUROEPISTEMOLOGÍA.

Módulo

    61. Tras La Utopía Del Engrama Conciencial
    62. Consideraciones Filosóficas
    63. El *Episteme* Proteico
    64. La Clave De Acceso ...

APÉNDICE X
SEX~cUALIDAD Y CEREBRO

Módulo

    X.1. Genes y Cortejo: Conducta Sexual
    X.2. Los Neurotransmisores y La Actividad Sexual
    X.3. El Hipotálamo y El Sexo
    X.4. La Evolución del Intelecto, ¿Se Debe a una Eficiente Selectividad Sexual?

BIBLIOGRAFÍA
Glosario
Índice Analítico

INTRODUCCION A LA OBRA EN PARTICULAR

LIBRO ONCE

'HACIA UNA NUEVA CONCEPCION EN EL PROCESAMIENTO NEURONAL'

Se ha descrito previamente en esta misma *Summa Neurobiológica,* que la neurona, como irreductible unidad de comunicación nerviosa es un "paradigma de la especificidad".

Pero una super-célula de este linaje, no puede hacer todo por sí sola. Pese a ser la unidad que determina la complejidad de la portentosa maquinaria que genera actividades emocionales sensoriomotoras e intelectuales, es claro que sin establecer multisinapsis; no podría ejecutar ninguna de estas grandes maravillas. Para tal efecto, debe someterse a ciertas reglas de interacción en determinados módulos neuronales.

Los conceptos clásicos de operaciones en ciertos grupos de células, interconectadas jerárquicamente y distribuidas a manera de columnas, son relativamente jóvenes, y sus evidencias experimentales surgieron en la segunda mitad del siglo pasado. Durante los años siguientes, la neurobiología ha tenido que sufrir la adaptación a diversos modelos neuronales, apoyados en la praxis del advenimiento cibernético, entre los que se encuentran interesantes propuestas, como la que relaciona la selección natural darwiniana con la capacidad, pasmosamente electiva, que deben establecer las células dentro de su entorno altamente competitivo para poder lograr una eficaz comunicación sináptica.

La importancia biológica de tan innumerables posibilidades de conexión, predeterminadas con asombrosa precisión, es el punto de partida para que, con apoyo de recursos algebraicos vectoriales -claramente apreciables en este tipo de interacciones neuronales-, se planteen argumentados y consistentes modelos pluriconvergentes y espacio-temporales que facilitan la comprensión de nuevas concepciones de procesamiento neural.

Para aprehender la magnitud de la trascendencia y relevancia de los modelos neuronales aplicados a las funciones de alto comando, en especial, aquellas relacionadas con el procesamiento cognitivo, se describen paradigmas alternos de procesamiento, con un fundamento computacional.

Basada en la misma disposición macrocolumnar, se propone la ecuación algorítmica y probabilística de la Teoría de la Epistemología Neuronal (TEN), y se describen didácticos diagramas para explicar paso a paso, cómo gradualmente, especializadas redes neuronales estructuran diversos caracteres concienciales.

La constante búsqueda de soluciones, que genera el incansable intento de los científicos por comprender en su totalidad el procesamiento neuronal de algunos problemas cognitivos y conductuales, crea en este libro, la necesidad de proponer una alternativa matemática, apoyada en los fundamentos conexionistas, y derivada de modelos fractales, para insinuar cómo podría procesarse la información con base en una entidad coincidente, y extrapolar este comportamiento intersináptico a una nueva opción, con el propósito de lograr el acceso a la fenomenología y emergencia de la conciencia, uno de los problemas más significativos a resolver en la actualidad dentro de la neurobiología.

Al final del texto, se presentan dos apéndices explicativos que justifican la actividad cuántica neuronal y los principios de retropropagación que se apoyan en el patrón fractal coincidente (*Inn*) representado por el símbolo (♀). Con estas nociones y un desglose de la ecuación de la TEN, aplicada a modelos columnares y conexionistas, se evidencia cómo la geometría fractal de la comunicación intersináptica, es condicionante para generar nuevas concepciones en el procesamiento neuronal.

EL AUTOR

XVI

XVII

DE LA PORTADA ALTERNA

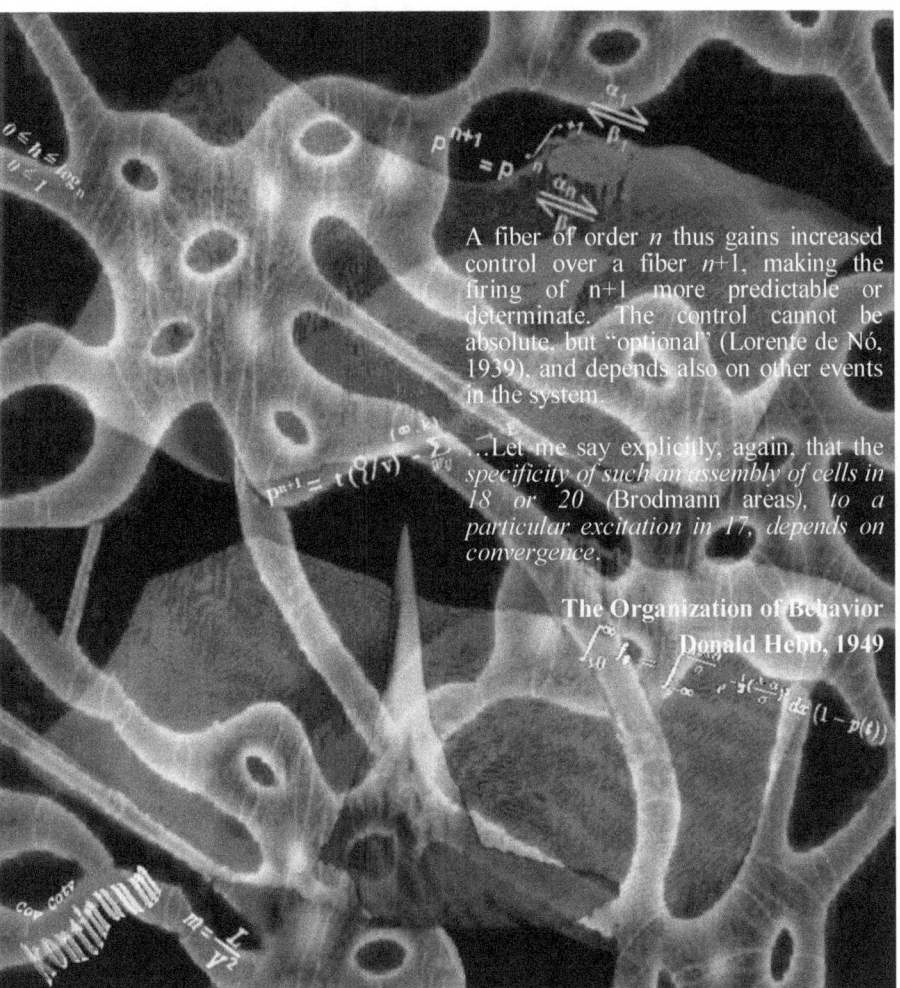

A fiber of order *n* thus gains increased control over a fiber *n*+1, making the firing of n+1 more predictable or determinate. The control cannot be absolute, but "optional" (Lorente de Nó, 1939), and depends also on other events in the system.

...Let me say explicitly, again, that the *specificity of such an assembly of cells in 18 or 20* (Brodmann areas), *to a particular excitation in 17*, depends on convergence.

The Organization of Behavior
Donald Hebb, 1949

A es A, como no A
Todo es tanto A, como no A
Todo lo es Todo

Haikú a propósito de la lógica,
la metageometría y las matemáticas
de magnitudes variables e infinitas

A partir de Uspenskii Piotr,
TERTIUM ORGANUM, 1911

Alegoría Neural de una Penélope Universal. Ilustración polidimensional dispuesta aleatoriamente a manera de red escalonada, donde se aprecian los elementos constitutivos de las supercuerdas; es decir, D-branas conectadas entre sí de manera multivectorial.

En uno de los espacios dimensionales se exhibe el perfil vibrátil de estas membranas estructurales, traduciendo el constante estado *perturbativo* que caracteriza algunos comportamientos solitónicos: *«la piedra angular que teje la n-dimensionalidad espacio-temporal»*.

En el centro inferior, en forma de cono, uno de los avances del tercer milenio y herramienta fundamental para entender dinámicas subatómicas, que ilustra los estados de condensación de las llamadas subpartículas. La comunicación entre D-branas bien podría sugerir analogías sinápticas. (Ver Apéndice "A").

CREENCIA NEUROBIOLÓGICA

En algún espacio de *terra firme*,
al sureste de los lagos glaciares
del Sol y de la Luna,
Dentro del cráter del Volcán Xinantecatl.
(Noviembre 16 de 1996, 01:43 am.)

Creo en la sinapsis de Sherrington,
señora y dadora de vida
que procede
del cono de crecimiento axonal
y de la unión neuromuscular,
primera transformación
de lo invisible a lo visible,
proceso de expansión de un sistema.

Creo en la liberación de
Neurotransmisores,
nacida de la despolarización neuronal
antes de la inhibición presináptica
y en los eventos que la componen.
Efecto de efectos moleculares
Luz de luz,
engendrados no creados
de la misma naturaleza biológica
de los ácidos nucleicos,
por quien todo fue hecho;

Que por nuestra salvación
fue crucificada en tiempos apoptóticos,
y por obra evolutiva,
fue ascendida a unidad neuronal,

sentándose a la derecha de la ciencia,
y de nuevo vendrá con gloria
para juzgar a crédulos y escépticos,
y su reino no tendrá fin.

Creo en la santa coherencia neuronal,
que procede de una armonía
sincrónica,
que por los dos anteriores
recibe comandos genéticos
predeterminados,
adoración y gloria,
dedicación y sustento;
y que habla por nuestros
comportamientos.

Y en la Neurobiología
que es una santa,
científica y apostólica
confieso que hay varios textos
para el perdón de nuestra ignorancia
esperamos la resurrección del
entendimiento
y la conversión del mañana
en prehistoria

Amén.

xx

ACRÓNIMOS

AB: Área de Brodmann.
ATP: Adenosín Trifosato
CCA: Corteza Cingulada Anterior.
COF: Corteza OrbitoFrontal.
Cov: Covaarianza.
Cotv: Contravarianza.
CPF: Corteza Prefrontal.
CPFDL: Corteza Prefrontal DorsoLateral.
CPFVM: Corteza PreFrontal Ventromedial.
EZQ: Efecto Zen0-Cuántico
GABA: Acido γ Amino-Butírico.
GNR: Genética Nanotecnología y Robótica.
GTP: Guaninosin Trifosfato
I.A: Inteligencia Artificial.
IIT: Teoría de la Información Integrada.
Inn: (♀) ver PFC
M1: Corteza Motora Primaria.
MDL: *Mínimum Description Length*
N^C: Neurona Conexionista.
N^E: Neurona Expectante.
N^{Eq}: Neurona Ecualizadora.
PCS: Pedúnculo Cerebeloso Superior.
PFc: Patrón Fractal Coincidente (*Inn*)
S1; Area primaria sensorial.
TEN: Teoría de la Epistemología Neuronal.
VIP: Peptido VasoIntestinal
W*ij:* Peso Sináptico.

XXII

Mi última dificultad es válida para casi todas las disertaciones filosóficas: Que el oyente no puede ver al mismo tiempo el camino por el que es llevado y el término al que conduce. Pudiendo pensar: "En verdad comprendo lo que dice, pero: ¿a dónde quiere llegar con eso?" O bien, "ciertamente veo a dónde quiere llegar, pero ¿cómo va a conseguirlo?" De nuevo, sólo puedo rogar que sea paciente, y esperar que usted vislumbre el camino y su feliz término.

**Ludwig Wittgenstein,
A Lecture on Ethics, 1930.**

Nature loves to hide… a hidden connection is stronger than an obvious one.

Heraclito, 536-470 AC
Art and Thought of Heraclitus.

The "weights" of connections to these extra units can be used to represent complex interactions that cannot be expressed as pairwise correlations between the components of the vectors. We call these extra units *hidden units* (by analogy with *hidden* Markov Processes) and we call the units that are used to specify the patterns to be learned, the *visible units*.

**Geoffrey E Hinton &
Terrence E Sejnowsky, 2002.**

MODULO 38

CONCEPTOS CLÁSICOS

A la fecha, los neurobiólogos experimentales, especializados en procesamiento cortical y funciones de alto orden, aún no tienen la respuesta idónea para comprender la microcircuitería específica de algunos sofisticados mecanismos de la corteza y de sus múltiples probabilidades, que los aproximaría, todavía más, hacia una certidumbre global de sus aplicaciones.

Conceptos Clásicos

2

Tal y como se describe previamente, la importancia funcional de la corteza, desde el punto de vista filogenético y ontogenético (Zambrano, 2014 a), es menester del presente capítulo analizar los conceptos clásicos de la Neurofisiología, que condujeron de alguna manera a concebir los nuevos mecanismos de comprensión del funcionamiento cerebral en sistemas distribuidos (Mountcastle, 1957; Felleman & Van Essen, 1991; Sporns *et al*, 2002, 2014).

> El concepto del procesamiento columnar se empezó a concretar a mediados del siglo pasado

Cuando se planteó la hipótesis general de la organización columnar, hace más de medio siglo, lo primero que surgió en la comunidad científica fue un nutrido grupo de detractores, sobre todo de los correligionarios allegados a la neuroanatomía. En ella se promulgaba que las conexiones cerebrales no estaban dispuestas de manera anárquica, sino que más bien guardaban una relativa uniformidad que semejaba pequeños grupos, distribuidos por diferentes áreas corticales a manera de módulos, que podían generar intercambio de información no sólo a nivel interno, sino también de manera extrínseca (Mountcastle, 1957).

Pese a que sus enunciados, basados en la conectividad cortical, habían sido previstos originalmente por otro egregio anatomista (Lorente de Nó, 1938), la idea clásica de la organización laminar de la corteza fue ganando más adeptos principalmente en el conocimiento de su naturaleza dinámica y de la consecuente operatividad lógica de su revolucionaria perspectiva, la cual ha requerido constantemente de brillantes experimentos durante los años posteriores para demostrar la efectividad funcional de tales subsistemas.

Donald Hebb, un poco más juicioso, alcanzó a inferir no solo el fraccionamiento de la actividad neural (lo que es parte de la perspectiva modular del procesamiento nervioso), sino también una eventual jerarquización de tales módulos, sugiriéndole como sinónimo de crecimiento que justifica la trascendencia del fortalecimiento sináptico, especialmente en modelos reverberantes aplicables a modelos de aprendizaje y memoria, y por supuesto, a la integración perceptiva (Hebb, 1949).

> La noción de sistemas distribuidos fundamenta la operatividad de la corteza cerebral

Una columna cortical, por definición, es un grupo de neuronas distribuidas a través de diversas capas, masivamente interconectadas en forma radial y escasamente tangenciales (Rakic, 2002, 2010). La organización columnar de las áreas neocorticales es parte de la llamada *relativa complejidad* que se apega al concepto de sistema distribuidos y contemporáneos modelos neuronales (Mountcastle, 1997; Sporns, 2006; 2014). Así, los patrones de conectividad corticales son columnares por naturaleza.

Cuando las conexiones son recíprocas, las terminales del axón tienen la capacidad de seleccionar topológicamente, a manera de mapa topográfico, la capa o lámina que le sea más benéfica. Por ejemplo, para el caso del área cortical homotípica del lóbulo parietal y frontal del primate, dedicadas neurocientíficas lograron describir por primera vez, a finales de la década de 1980, hasta quince áreas de proyección convergente y con capas alternas en la terminal de una misma columna (Selemon & Goldman-Rakic, 1988). Esto quiere decir que las neuronas se conectan compleja y selectivamente, con gran variedad de probabilidades, incluso dentro de un sólo módulo o columna. En un milímetro de superficie cortical, pueden existir de dos a cinco columnas (una columna mide 200-500 μm de ancho), llegando a tener entre 80 y 100 neuronas en la mayoría de las zonas corticales, lo que les brinda una capacidad de combinación bastante amplia.

Los estudios dinámicos de estas operaciones neuronales dentro de los sistemas distribuidos son, actualmente, una de las principales vertientes de interés en los programas académicos de investigación en neurociencias. Ello incluye el deseo consistente de comprender, finalmente, los

> El proceso modular de las modalidades sensoriales es jerárquico y columnar.

patrones de actividad neural involucrados en la discriminación o categorización sensorial, que influyen en las áreas donde se codifica la información perceptual, presentes en experiencias conscientes. La conjunción de nuevas aperturas de la tecnología es una de las herramientas que el científico utiliza para hallar su propia solución, particularmente en el aspecto que trata de entender, cómo genera, el cerebro humano, el control racional de sus diversas conductas.

38.1 ORGANIZACIÓN COLUMNAR

Las columnas corticales son definidas por determinados parámetros. Uno de los que fundamentan la función de la columna cortical es la entrada de Información.

El mencionado *"input"* es, en sí, una de las muchas propiedades de la organización columnar. De tipo estático, en ocasiones depende de las múltiples conexiones del área. Un ejemplo de ello puede ser el procesamiento de información visual a través del tálamo, específicamente en el Cuerpo Geniculado Lateral. La vía visual encuentra allí su principal relevo talámico, antes de enviar esta información a las áreas de la memoria visual, ubicadas en el lóbulo occipital.

> Una columna neuronal tiene en promedio 80 a 100 células

Organización Columnar

Por otro lado, las propiedades dinámicas están determinadas por el procesamiento neuronal dentro de la neocorteza y sus sistemas aferentes. La capacidad de combinación en esta área puede ser tan numerosa como las mismas estrellas de una galaxia. Los patrones que rigen la organización columnar son aquellos mayormente evidenciados, de forma operativa, a través de las estrategias experimentales ideadas por los científicos expertos en el área. Entre estas conformaciones neuronales, destinadas a procesar la información, se describen las siguientes características comunes (Mountcastle, 1978):

> Una organización columnar y jerárquica garantiza un procesamiento óptimo de la información

a. Conexiones Divergentes: Comprende la selección de procesamiento de ciertos canales (*in*) para otros más específicos (*out*). Lo que significa que la información de salida de un canal es mayor que los niveles de entrada donde se requiere especificidad de la selección. Un canal de recepción no está capacitado para recibir mucha información, sólo la necesaria. El hecho de que reciba más información de la que requiere puede ocasionar períodos de inhibición temporal, que se producen por el control necesario de la misma organización cerebral *per se*.

b. Las conexiones específicas son la parte básica de la efectividad en la transcripción de la información a nivel cortical, y son generadas por las subunidades modulares. Este tipo de láminas, estratégicamente dispuestas, son el seguro que tienen las redes de distribución columnar para optimizar la información y garantizar el mínimo de errores y una transcripción lo más completa posible.

c. La relación topológica debe ser mantenida durante el tránsito de actividad en los sistemas distribuidos. De este tipo de conectividad depende mayormente la consolidación de la estratificación cortical y la complejidad de sus funciones, que se traducen en el procesamiento de comandos de sofisticado alto orden.

> Los sistemas distribuidos sustentan la función modular pragmática del sistema nervioso

Un sistema distribuido es un conjunto de unidades de procesamiento, espacialmente separadas y comunicadas a través del intercambio de mensajes a procesar. Se calcula que la transmisión sináptica entre unidades neocorticales varía en promedio entre 1 y 5 ms (Mountcastle, 1997).

Algunas facultades de los sistemas distribuidos se llevan a cabo en varios niveles

El Flujo de Información

y vías, donde la señal existente entre sus códigos fluye a través del sistema siguiendo cualquiera de sus rutas intrínsecas. Tal acción puede ser iniciada por nodos independientes, y las particularidades de ejecución, en general, se resumen en los siguientes puntos, que definen las bases fundamentales de los sistemas distribuidos (Mountcastle, 1978).

> El flujo de la información en redes neuronales se realiza en muy diferentes formas.

1. Tienen una función para los diferentes tipos de información que procesan. Existen la información de entrada y de salida dentro de los sistemas distribuidos, y ésta ocurre en varios niveles.
2. La información fluye a lo largo de los sistemas distribuidos con mayor o menor tránsito en un cierto número de vías.
3. La acción puede iniciarse en cualquier nivel de los componentes de los sistemas distribuidos.
4. Una lesión local dentro del sistema distribuido degrada la función, pero muy raramente puede eliminarlo. Es fácil imaginar una serie de luces navideñas, si una falla, la serie tiene tanta variedad de opciones de cableado que no se apagará por completo (en todo caso, iluminará con menos intensidad).

5. La reorganización dinámica facilita a un sistema distribuido recuperar su función.
6. Los sistemas distribuidos son sistemas de re-entrada: sus módulos están abiertos tanto a actividad inducida externamente como a la generada internamente. En otras palabras, una información interna puede ser recambiada por información externa y viceversa, y además, potencializar y archivar debidamente el número de datos.
7. El reciclaje fásico de la información de un sistema distribuido permite el acceso, preferentemente, al sistema sensorial primario y, con posterioridad, a unidades que procesan información más abstracta en el cerebro.
8. La continua renovación de la imagen central del medio es uno de los datos más importantes de la relación limítrofe entre lo que puede ser razonable para el cerebro y lo que no. Producir cierta información que, en este caso, no ha entrado por vía sensorial, es una de las características de la imaginación dentro de los sistemas distribuidos y, analizado más a fondo, se relaciona con estados patológicos como la esquizofrenia.

> La función de una célula nerviosa dentro un sistema distribuido, es alinearse lo mejor posible con el fin de preservar una óptima coherencia neuronal.

> La integración de la información neuronal depende del grado de eficiencia y coherencia de los inputs sinápticos.

9. La imagen interna es creada por la información externa. Toda sensación del medio procesada por el cerebro es canalizada a módulos de memoria, o desechada, por mecanismos intrínsecos cerebrales de tipo modular. Sin embargo, hay tipos de memoria implicados con la imagen interna de orden aferente que podrían apegarse a la conciencia individual. Esto es, si alguien tiene conciencia de un evento, seguramente éste ha sido archivado en la memoria retrospectiva, cuando menos en la de corto plazo, o memoria de trabajo, según las denominaciones de Joaquín Fuster, de la Universidad de California (Fuster, 2000, 2008).

En el caso de la organización columnar de las proyecciones aferentes, se determina por convención que una columna está dispuesta en grupos con dimensiones de entre medio y un milímetro de ancho, y que estas fibras tienen la finalidad de converger en un sistema. En segundo lugar, se considera que un procesamiento tálamo-cortical requiere de la actividad de interneuronas, o de células piramidales eferentes (De Felipe et al, 2013).

En los eventos de procesamiento sensorio-motor, la actividad modular, específicamente de la corteza motora, parece ser un paradigma bastante didáctico. Allí, las neuronas piramidales de la capa V cortical del humano se organizan en columnas con un promedio de 300 µm, y se separan simétricamente en grupos con una distancia promedio de 100 µm (Meyer, 1987, Elston et al, 2011). El 40% de ellas conjunta su información en una motoneurona espinal, produciendo mecanismos recíprocos de transferencia de datos a procesar. En tanto, las células piramidales de la capa III y IV se proyectan horizontalmente, y tienen interacciones con el Núcleo Ventrolateral talámico, y otras zonas corticales que contribuyen a que se disponga un manto de distribución columnar.

En una perspectiva de las áreas corticales homotípicas o de asociación (*Cfr*. Libro 13 de esta *Summa Neurobiológica*), la actividad de procesamiento se realiza principalmente en áreas corticales 3b o VI, y su estructuración semeja patrones de intermitencia en dimensión cortical transversa, especialmente para capas II y III (Mountcastle, 1997). Por ejemplo, en la corteza parietal posterior (área 7a, actualmente dividida en más sub-áreas), cada neurona desarrolla una capacidad selectiva acorde a las propiedades modulares del sistema al que deben adecuarse. Esta zona cortical no refleja ningún *input* sensorial, y se especializan en procesamiento atentivo, espacial o de percepción de los objetos que se hayan en el entorno. Es decir, en términos

> Dentro de una red, las neuronas deben adaptarse para ejecutar con calidad, tareas eficientes de transferencia de información

de un concepto epistémico neuronal, en tareas que tengan que ver con la manipulación de un objeto o la orientación de un brazo hacia la búsqueda de un objetivo, estas células obedecerían a un carácter más estereognósico (Zambrano, 2012).

La corteza Temporal Medial (MT), una pequeña área descrita originalmente en el surco superior temporal del mono (Zeki, 1974), ha sido asociada con el procesamiento de los objetos en movimiento. Semir Zeki, de la Universidad de Londres, pionero en la investigación topográfica y funcional de esta área, denominó V5 a su equivalencia en humanos, misma que ha sido detectada por su funcionamiento en estudios de Tomografía por Emisión de Positrones. Las neuronas del mono en MT han sido estudiadas, incluso de manera columnar, como conjunto, observándose en ellas una capacidad de rotación de 180 grados en espacios promedio de 400-500 μm. Así, se presume que las neuronas de esta columna pueden obtener patrones de intersección en su comunicación, con dos parámetros diferentes de procesamiento intracortical (Albright *et al*, 1984).

A nivel de la corteza prefrontal (CPF) existen evidencias de que el procesamiento de tareas de alto orden se relaciona con conexiones hipocampales, especialmente en

> Para la integración sensorial de la visión, hay una especialización neuronal en cada una de las capas de la corteza visual.

el área presubicular y en el giro parahipocampal posterior, donde se encuentra una alta proporción de células CA1 (Goldman-Rakic, 1984), como parte de una organización modular que fundamenta las bases neurobiológicas de la memoria. De igual forma, el mismo grupo de investigación propuso abiertamente, hace dos décadas, que estas interacciones modulares que se presentan en CPF, podrían ser parte de un mecanismo sacádico óculo - motor, que estuviera asociado a tareas cognitivas atencionales, dejando el camino abierto para establecer teorías que sirvieran de apoyo en la comprensión de la fenomenología de la conciencia *(Vide Infra)*. El desarrollo de tal teoría cognitiva se apoya en la memoria de trabajo, estrechamente relacionada con la CPF y comúnmente vinculada con tareas de cierta complejidad intelectual (Wang, 2013), como el almacenamiento de cifras en forma temporal, o la actividad cerebral que se desempeña en juegos del tipo de ajedrez o *"Gó"*, que requieren de concentración y alta discriminación cognitiva y secuencial (Zambrano, 2014 b).

> Los procesos neuronales de vanguardia requieren de la competencia neuronal continua.

En resumen, el procesamiento local de las unidades es parte de la integración sensorio-motriz, y se realiza en gran medida en un nivel somato-sensorial; es decir, se procesa a través del área somestésica primaria (Áreas de *Brodmann*, AB 1, 2, 3), así

Modelos Competitivos

> Las neuronas ejercen interesantes patrones selectivos y competitivos para transferir o retro alimentar su información, obteniendo un ventajoso fortalecimiento sináptico durante este tipo de interacciones.

como en corteza visual (AB 17-18-19) o auditiva (AB 41-42). Un módulo puede ser miembro de varios sistemas distribuidos, pero no de muchos, procesando siempre información vertical entre las capas I y VI (Zambrano, 2014 a). Y finalmente, lo que determine si un área es somato-sensorial, visual o auditiva, será el tipo de información.

38.2 LA SELECCIÓN NATURAL Y LOS MODELOS COMPUTACIONALES

La aplicación más favorable que se adosa a los conceptos puristas de Vernon Mountcastle es el modelo del Darwinismo Neural del Nobel en inmunología 1972, Gerald Edelman, originalmente propuesto hacia 1978, y que plantea la teoría de la selección de las neuronas por grupo, siguiendo el esquema evolucionista clásico de la selección natural conocido como *El origen de las especies*, concebido en el siglo XIX (Edelman, 1993).

Los fundamentos teóricos son: la variedad de las estirpes neuronales y la especificidad de sus funciones orientadas hacia una eventual capacidad selectiva. Estas dos características, la neuronanatómica y la funcional dependiente de las instrucciones, guardan una suerte de semejanza computacional, entendiendo el cerebro como un modelo cibernético, en el que existen dos comportamientos de selección poblacional. El primero durante el desarrollo; el segundo, basado en el fortalecimiento sináptico que se genera por la constante actividad de las neuronas propiamente maduras, y se traduce en funciones complejas ensorio-motoras y de comportamiento con procesamiento de altos comandos.

El formulismo de la selección de grupo neuronal tiene tres mecanismos: la selección en el desarrollo, la selección experiencial, y la señal de «*reentrada*», que se toma como una forma de retroalimentación constante de la información que provee las bases de la categorización perceptual.

> La competencia neuronal es fundamental en la integración de la información.

Durante el desarrollo, Edelman propone que sean las Moléculas de Adhesión Celular (nCAM), y los Sustratos de Adhesión Celular (SAC), los responsables de la selección de grupo, debido a su interacción constante con las superficies celulares encargadas de la comunicación interneuronal. Pese a que existen fenómenos como los de apoptosis, descritos en el libro 6 de esta colección, las neuronas que sobreviven tienen patrones de acoplamiento y comunicación con otras células, cuya acción es parte de un "repertorio primario". A partir de la operatividad de estos repertorios, surge la selección experiencial, cuyo fin persigue el fortalecimiento de las sinapsis mediante una intensa actividad de comunicación, hasta formar circuitos y funciones. En simulaciones computacionales se puede detectar un proceso selectivo de neuronas eligiendo su estrato topográfico cortical durante el desarrollo y construcción de sus seis capas (Montague *et al*, 1991, Rakic, 2009).

> Los mecanismos de re-entrada neuronal, explican procesos naturales de neuro-computación

Las señales de reentrada se conciben como un evento de alto orden selectivo (Edelman, 1993). Estas son llevadas a cabo en procesamiento paralelo y distribuido, estrictamente apegado a los modelos ya descritos de la jerarquización neuronal (Mountcastle, 1957), y se cumple cuando menos en dos mapas topográficos, que pueden ser tálamo-corticales, córtico-corticales, córtico-talámicos, o bien extenderse a otros sistemas como Ganglios basales o cerebelo. Cuando la re-entrada es continua, esto lleva a las consabidas amplificaciones sinápticas que dan como resultado la formación de grupos neuronales y reconstrucciones experienciales, un principio dual por un lado referente a la plasticidad sináptica y, por el otro, en su entorno cibernético en el que se generan los circuitos de retroalimentación.

Hacia una Nueva Concepción en el Procesamiento Neuronal

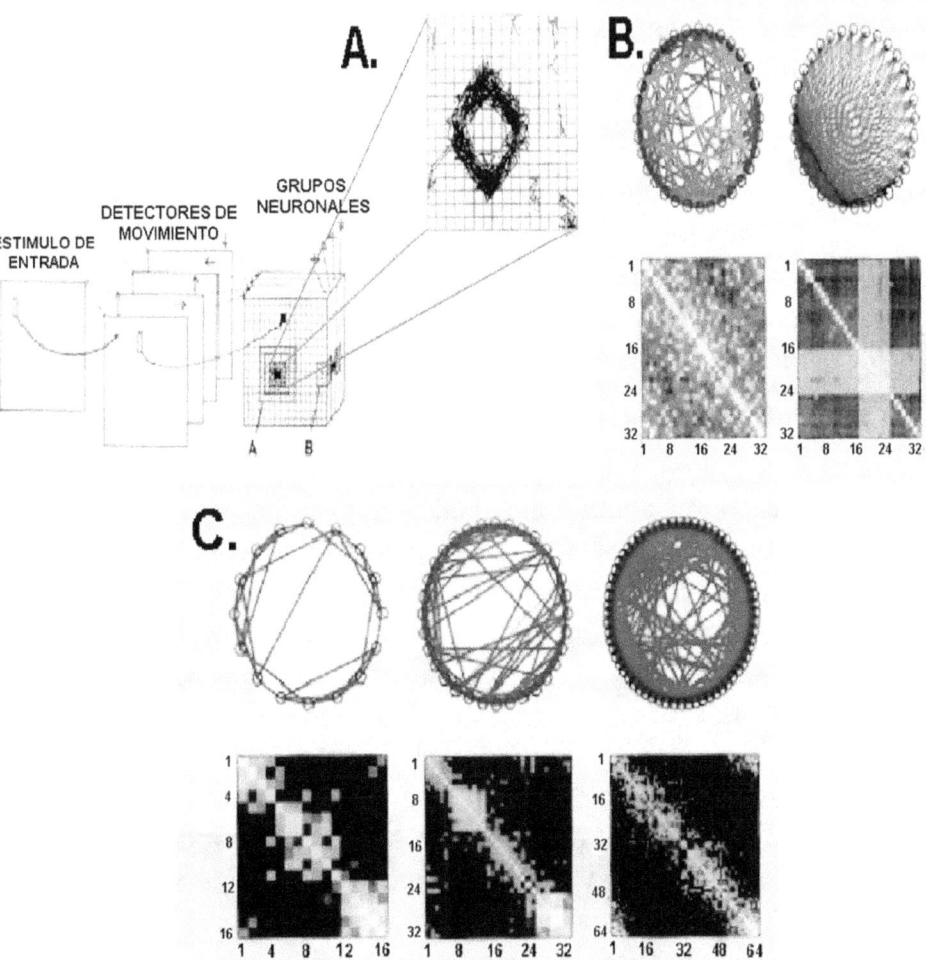

Fig 11. 1 Esquemas dinámicos de selección natural en unidades neuronales. En (A), dos patrones idénticos con barras orientadas vertical y horizontalmente, que parecen tener dirección contraria (detectores de movimiento vectorial en 4 direcciones), seleccionan una unidad específica, emulando el fortalecimiento sináptico producto de la reentrada, garantizando así la coherencia y sincronía en un conjunto de diversos grupos neuronales. En el inserto de A, una aproximación al correlograma vectorial después de un análisis computacional durante un breve curso temporal (< 350 ms). En el panel (B), observamos el grado de entropía que se genera en los primeros milisegundos de selección, mientras que en (C), se aprecia un alto grado de complejidad que traduce sincronía neuronal e integridad en la transferencia de la información. Nótese el ajuste gradual de esta información por *clusters*, dependiendo de su peso sináptico (modificado de Sporns *et al*, 1991 y Sporns *et al*, 2002).

> La neuro-computación ayuda a comprender los nuevos paradigmas de procesamiento neuronal.

Las consecuencias de la reentrada en un modelo neural, que sustenta las bases preceptúales presentes en la selección natural de grupos neuronales, se esquematiza en la figura 11.1, utilizando detectores vectoriales, que finalmente son capaces de escoger un espacio que determina funciones específicas con diversos grados de sincronía (Sporns *et al*, 1991; 2002).

Los esquemas computacionales de reentrada pueden ser analizados en modelos biológicos como los que se producen en la vía visual, donde deben procesarse, de manera simultánea, fondo y forma de la figura, color y movimiento, y puede ocurrir en un rango de 50 a 500 ms, mientras que para el lenguaje, que requiere otro tipo de tareas de reentrada, se emplea alrededor de 800 ms (Zambrano, 2014 c). En el procesamiento táctil enfocado al movimiento, los experimentos realizados en primates evidencian que, para que se realice la reentrada, es necesaria una gran sincronía poblacional, en este caso neuronas incidiendo en un mismo punto (Georgopoulos *et al*, 1986). Éste ha sido el pivote para estudiar los fenómenos de selección natural, no únicamente a nivel estático, sino asociados a movimientos en modelos denominados *Darwin II*, *III* y *Darwin IV* (Edelman, 1993).

Módulo 39

CONEXIONISMO

39.1 ANTECEDENTES

A través de los reportes bibliográficos que sustentan la historia de la neurociencia, un fenómeno parece ser el factor común en la mayoría de las interacciones entre neuronas: la facultad de comunicarse entre sí para transferir información. ¡Sin esta cualidad, sería muy difícil concebir el sistema nervioso! Empero, el simple hecho de coincidir entre células nerviosas parece no satisfacer a los científicos, quienes, preocupados por otras manifestaciones de despliegue neuronales, han decidido incrementar sus disquisiciones sobre nuevas perspectivas basadas en este singular aspecto del conexionismo, y enfocarlo preponderantemente hacia funciones cerebrales de alto orden como la cognición (Hebb, 1949; Pylyshyn, 1980; Hinton 1992; Churchland & Churchland, 2002, Zambrano, 2012).

> En términos conexionistas, la complejidad neuronal se debe a la continua interacción que se genera en la comunicación nerviosa.

Reverberación Hebbiana

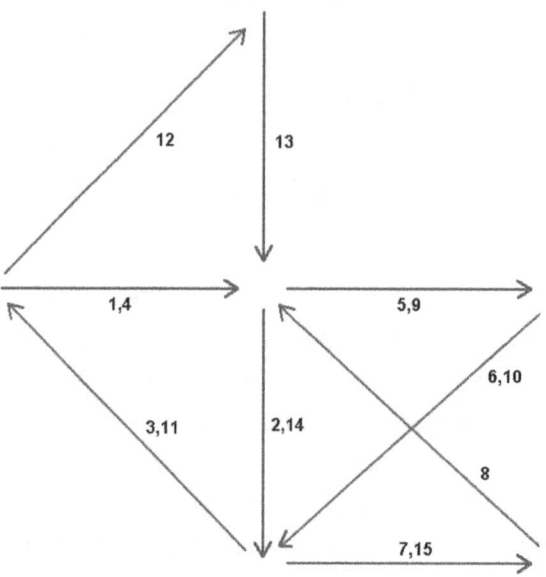

Fig 11.2 El principio de reverberancia Hebbiano. Las flechas representan un grado simple de conectividad neural o múltiples cadenas[N] disparando de acuerdo con los números señalados para cada vía. ("1,4" responde en primer y cuarto lugar siguiendo una secuencia). La posibilidad de una "reverberancia alternante" podría no extinguirse como sucedería en un circuito cerrado. "2,14" traduce un potencial estado refractario disparando de segundo y de catorceavo. Otra vía "5,9", puede ser excitable y permitir la actividad a largo plazo del sistema. La coincidencia vectorial de (1,4), (8) y (13) opera para una sola sinapsis; mientras que la vía compuesta por (5-9)~(6-10) tiene la misma funcionalidad que (2,14). La disposición de una red tridimensional partiendo de este modelo, podría sugerir las bases anatómicas de la sincronía en la integración perceptual dentro de las áreas de asociación cortical que es infinitamente más compleja (Modificado de Hebb, 1949).

[N] Del original, *"chains firing"*, que sugiere la inferencia hebbiana de un procesamiento columnar.

La premisa fundamental de la conducta conexionista neuronal es que estas células no transmiten individualmente grandes cantidades de información simbólica. Sin embargo, según Dana H. Ballard, investigador de la Universidad de Rochester, el hecho de que permanezcan apropiadamente conectadas en redes, junto con otras unidades similares, provee la garantía de propagar información fidedigna, simulando un modelo computacional inteligente, que prevalece en las diversas ciencias de la computación, al igual que en la psicología cognitiva (Feldman & Ballard, 1982) o en el resto de modelos neuronales (Sporns, 2006; 2014).

> El fundamento operativo de las redes neuronales se basa en las capacidades algorítmicas de comunicación

En el caso de la memoria y otras tareas de aprendizaje cognitivo, las dinámicas de consolidación mnésica y archivo de la información aparecen por meros principios conexionistas, y, según Zenon Pylyshyn, un destacado pionero investigador en este tipo de modelos neurocomputacionales, semejan una especie de banco de datos recuperados por medio de la retroalimentación, que son manipulados como símbolos y traducidos en imágenes, simulando modelos algorítmicos bajo estrictos procesos secuenciales. Este estereotipo secuencial de las funciones cognitivas es entendido como una singular característica del conexionismo (Fodor & Pylyshyn,1988; Fiori, 2005; Flusberg et al, 2010).

> La coordinación dinámica de alguna redes neuronales, explica simples operaciones del SNC

La idea de Geoffrey Hinton y James Anderson de entender cada neurona como una unidad especializada, cuyas interconexiones procesan simultáneamente información, constituye un perfil vigente para comprender mecanismos semejantes a los sistemas de computación paralela, presentes en la recuperación de algunos eventos sumamente especializados de la cognición humana. Para James McClelland y David Rumelhart, precursores de la participación del procesamiento distribuido paralelamente en la microestructura funcional de los sucesos cognitivos, en particular en el aspecto verbal (Rumelhart & McClelland, 1986; McClelland et al, 2010), el cerebro humano es incomparablemente más rápido que cualquier computadora, en su habilidad para reconocer los símbolos entre lo que es una palabra y lo que no lo es. Para ello se vale del buen acoplamiento de las unidades que constituyen las redes del lenguaje articulado y su interacción con otros cerebros (Zambrano, 2014 c).

La óptica conexionista original basa su funcionamiento jerárquico del procesamiento paralelo en los modelos lineales clásicos *Top-Down*, y en los no lineales, similares a los que se generan en la memoria asociativa, donde se uniforma la información que regulariza la diversidad cualitativa sináptica de un modo más igualitario (Hinton, 1992). Dentro del elemento unificador de estos procesos neurales, o patrones de relajación algorítimica, existe un consenso que radica en el contraste mediado por las computadoras convencionales en su arquitectura serial y paralela, especialmente en el método para el almacenamiento de datos y en la naturaleza de la representación (Marr & Poggio, 1976, Moldakarimov et al, 2010, Chater & Oaksford, 2013; Neunuebel & Knierim, 2014).

> Para que una neurona sea integralmente productiva dentro de una red, debe relajar sus patrones electrofisiológicos y equipararlos con las demás células de la columna.

Los principios fundamentales que definen la clásica dinámica de conectividad neuronal, parten de la obligatoriedad de niveles estadísticos de independencia (entropía), dependencia (integración), y por su mutua y continua interacción (complejidad), que puede ser abordada por modelos matemáticos que utilizan matrices (Sporns *et al*, 2002). En términos de la organización modular, este fenómeno se puede comprender mayormente en células de la corteza motora, donde llega a alcanzar ciertos grados de uniformidad que se antoja vectorial (Amirikian & Georgopoulos, 2003), pero también en modelos subcorticales y en general de las proyecciones hipocampales (Neunuebel & Knierim, 2014).

La idea de la relajación proviene del concepto de la convergencia de una red neuronal sobre el efecto global en las bases de una interacción local, donde las unidades tienen acceso a las respuestas de sus neuronas vecinas y se ajustan a la formas como ellas vienen respondiendo. Es decir, una neurona cumple con el adagio organizacional de guardar los lineamientos que el resto de su comunidad le exige, siguiendo un patrón básico de optimización en los fundamentos de la epistemología neuronal (Zambrano, 2012). Para estos efectos, James McClelland y David Rummelhart proponen la funcionalidad del cubo de *Necker*[1], y la hipótesis de que cada vértice tiene innumerables posibilidades de conexión tridimensional, todas sujetas a diferentes patrones de disparo y de adaptación a la red para la que funcionan, cuyas opciones son binarias; esto es, inhibitorias o excitatorias.

> La ecualización neuronal es una forma de optimizar la función de las redes neuronales.

Para que haya un procesamiento exitoso de los datos preliminares se necesita de una muy buena adecuación de los signos, una sincronización funcional de los símbolos y una particular coherencia del desempeño neural. Todo esto se logra con un interesante mecanismo, que se antoja como una especie de ecualización neuronal, eficazmente acoplada para dar una óptima función. En otras palabras, se sabe que existen neuronas que tienen un umbral excitatorio de mayor sensibilidad que otras; por tanto, tienen ráfagas de disparo mucho más frecuente. Así, lo que

---

[1] Originalmente el cubo de *Necker* se describió como un fenómeno para ser observado alternadamente en dos diferentes configuraciones tridimensionales, pero lo interesante del modelo es que ambas configuraciones NO pueden ser vistas simultáneamente (Necker LA, 1832).

hacen cuando se trata de participar en una red neuronal, es disminuir o tranquilizar su actividad, para que todas presenten el mismo rango de activación, incluso en procesamientos sensoriales (Zhu et al, 2013; Haak et al, 2014).

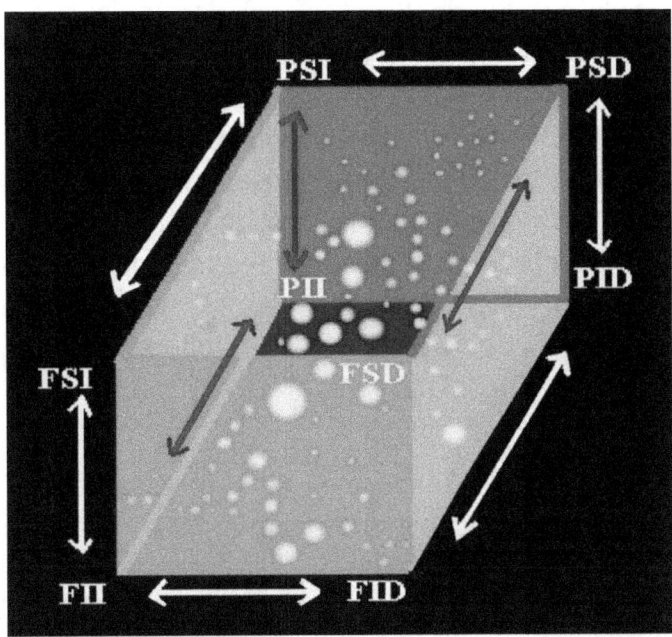

Fig. 11.3. Modificación al modelo propuesto de ecualización adaptado al complejo tridimensional de Necker. Los puntos significan: la densidad estocásticamente indeterminada por la interacción sináptica, emulando la calidad de transferencia W$_{ij}$, tras los patrones de disparo neuronal que permanecen dentro de un sistema en constante provisión de energía mínima, por cada unidad de procesamiento. F (Frontal), P (posterior), I (Izquierdo), D (derecho). Así, FSI (Frontal Superior Izquierdo), etc. Las flechas indican las posibilidades de conexión en dos columnas, D e I, que traducen las dos subredes interconectadas a ser interpretadas. Recuérdese que el cubo de *Necker* tiene esta posibilidad alterna, pero no simultánea (a partir de Rumelhart *et al*, 1986-b).

> Existen modelos para entender los diversos pesos sinápticos que pueden existir en un ambiente neuronal.

La optimización de la ecualización computacional tiene, por supuesto, sus ventajas de aplicación, y se ajusta perfectamente a la arquitectura paralela del SNC, ya que sus unidades, que semejan conexiones neuronales, ejercen patrones de reconocimiento en modelos celulares de intercambio preciso *"Cross-Talk"*, en los que específicamente se dan las condiciones de evaluación potencial de los pesos sinápticos como garantes de la calidad de la transferencia de una información ecualizada y eficaz en diferentes estirpes y modelos neuronales de interacción neurohormonal (Marchetti, 1997; Correa et al, 2013; Fishman et al, 2014).

A este respecto, es interesante subrayar los conceptos de energía global que emanan de la inmersión de diferentes caracteres físicos que se dan en un microsistema; por ejemplo, en el cubo de *Necker*, mencionado anteriormente, donde la conjunción de sus partículas provee la energía global mínima, tendiendo a la ecualización dentro de los patrones de relajación algorítmica, que se requieren para la ejecución de una eficiente tarea de comunicación y transferencia de la información (ver Eq. 11.5; Hinton & Sejnowsky, 1983).

39.2 LA INTERPRETACIÓN TENSORIAL DEL CEREBELO

El cerebelo ofrece un sinnúmero de propuestas naturales que pueden ser modeladas mayormente desde el punto de vista de su función motora. Aunque sabemos que el aprendizaje primitivo, y algunas interacciones de relevo, son importantes para que se realicen acciones concertadas con el tálamo, en pos de magnánimos desempeños que tienen que ver con la bipedestación o la marcha, y que también contribuyen a tareas más dinámicas como la articulación muscular gruesa, o conductas motoras finas; e.g., seccionar los alimentos y llevarlos a la boca, al igual que la expresión de otros mecanismos artístico-motores de aprendizaje a través de vías cortico-estriatales (Doyon *et al*, 2003), e incluso coadyuvar al procesamiento eficiente de eventos cognitivos (Fiez, 1996; Buckner, 2013).

> La ecualización neuronal es la base de la coherencia y sincronización requeridas para integrar la traducción neurocognitiva de las senso percepciones.

Un *"tensor"* es una función matemática, generalizada para transformar vectores unidos a otros vectores (Pellionisz, 1983; Arbib & Amari, 1985; Sauvage et al, 2011), independientemente de las diferencias y dimensiones de las coordenadas de un sistema (Pettofrezzo, 1966). e.g., el estímulo sensorial es un vector, y la ejecución motora es otro vector: La acción geométrica que une ambos vectores, resulta en un vector transformado, o *tensor*. Lo que se conoce como transformación sensorio-motora.

BOX 11.1

CÓMO ES SER UN VECTOR...

El vector identifica simultáneamente el concepto de magnitud y direccionalidad. La velocidad, la fuerza y el movimiento son cantidades vectoriales cuya representación por flechas indica su dirección. La longitud de la flecha representa la magnitud de la cantidad vectorial. Cuando un vector se suma, se convierte en un vector componente (Vc) y normalmente es representado en dirección adyacente a los ejes horizontales o verticales (x,y). La suma de los vectores componentes, constituye vectores resultantes (V1, V2, V3,...). Cuando la cantidad puede ser descrita únicamente por magnitud, y no por dirección, se llama cantidad escalar, como la energía, la temperatura, el volumen o el tiempo.

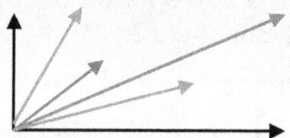

Según su cantidad vectorial, estos no se pueden mezclar y cuando hay varios vectores resultantes, estos deben ser representados por colores diversos.

El tensor, es un vector cuya cualidad geométrica, es transformada matemáticamente. Esta transformación se realiza utilizando matrices, mapeo de coordenadas o recursos propios del álgebra vectorial o de la geometría diferencial.

De esta manera, el análisis tensorial surge de un modelo basado en vectores, cuya operación se desarrolla a partir de teorías geométricas diferenciales, matrices, y el mapeo de las estructuras que se desea analizar (Wrede, 1972), especialmente en procesos de integración sensoriomotora (Sauvage et al, 2011).

La aplicación de elementos vectoriales en un modelo biológico parece encontrar el objetivo ideal en las características de la naturaleza de la disposición de las fibras nerviosas en el cerebelo. Las células nerviosas cerebelares presentan las características más *sui generis* de todo el sistema nervioso (Buckner, 2013). La multipolaridad de las neuronas de *Purkině*, la variedad funcional de células estrelladas y en canasta, la capacidad de combinación y, especialmente, la disposición anatómica entre las fibras trepadoras y musgosas, convierten a las neuronas corticales cerebelares en un prototipo idóneo para formular hipótesis de procesamiento paralelo con cualidades vectoriales.

Plegada por numerosos surcos transversales paralelos que conforman una suerte de laminillas, la corteza cerebelar sirve de base para plantear un interesante y geométricamente expansionista modelo de redes. A partir de los estudios sobre la microestructura de sus capas neuronales,

> De la forma vectorial como se disponen ciertas estirpes neuronales y sus espinas dendríticas, se concretan nociones para entender la función integral del cerebelo.

destacados neurocientíficos sugieren que las fibras trepadoras, que inicialmente no tenían un papel preponderante en la teoría de la función cerebelar, constituyen una vía especial por la cual la retroalimentación modifica las propiedades transformacionales de la red de neuronas en esta área. Existe la probabilidad de que el principio de relajación antes mencionado (tras la modificación de las propiedades de fundamento transformacional), constituya un puente "algorítimico" que sea el punto de unión, dentro de las teorías "conexionistas", con el sustrato de la inteligencia artificial (Zambrano, 2014 b).

> Qué es un tensor vectorial?

Como se aprecia en el diagrama 11.4, las neuronas del cerebelo están dispuestas en estricto paralelismo. Así, las fibras trepadoras envían impulsos excitatorios a las células de *Purkině* en forma directa. En conjunto, estas dos familias celulares simultáneamente, reciben aferentes de otras estirpes neuronales.

El planteamiento del tensor vectorial de una red, parcialmente concebido para comprender el arco-reflejo vestibular y las posturas robóticas a partir del sistema músculo-esquelético en vertebrados, podría tener una aproximación a los modelos paralelos que identifican al SNC (*vide supra*).

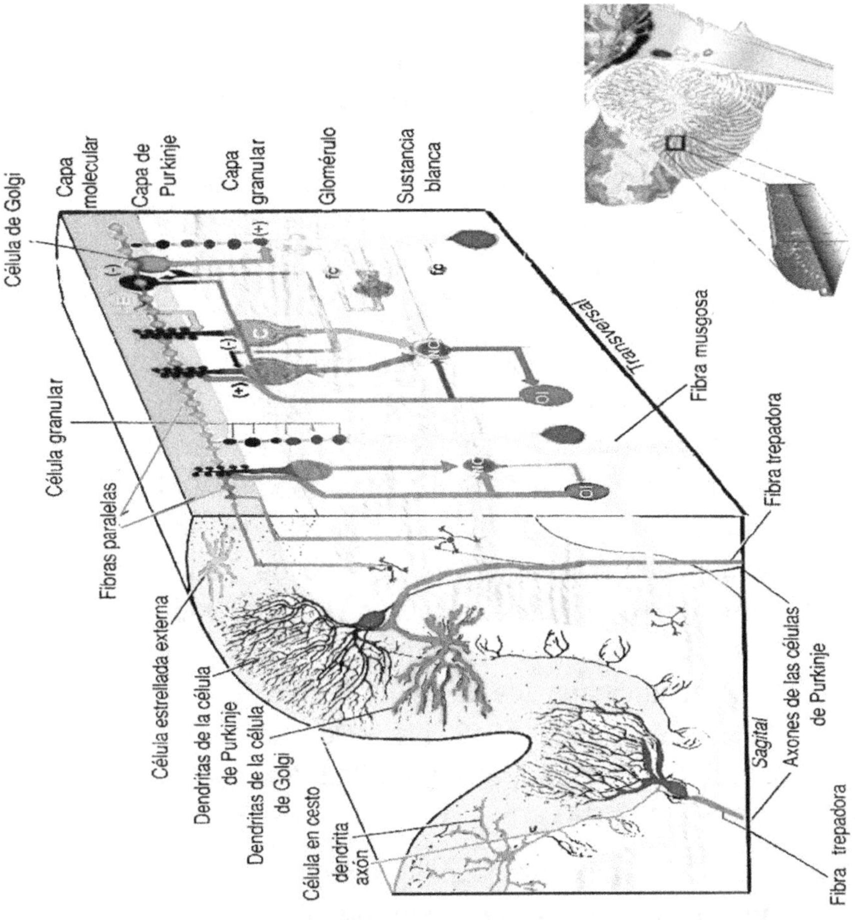

Fig. 11.4 La diversidad funcional de las conexiones cerebelares. Esquema bidimensional evidenciando la las células de Purkině en la fascia sagital de la gráfica. En el corte transversal una superposición diagramática que traduce acciones inhibitorias (-) y excitatorias (+), propias del cableado interneuronal cerebelar y la priorización jerárquica de algunas unidades dentro del circuito al nivel de la Oliva Inferior (OI, púrpura) en su interacción con los núcleos cerebelares (NC). Las (fc), proyecciones colaterales inhibitorias, con actividad de neuronas de Purkině (azul) y de Golgi (fucsia), conectadas a la capa molecular con células estrelladas (E, verde) y de canasta (C, gris). Las células granulares excitatorias, son negras y se conectan a fibras paralelas (ocre) y musgosas (amarillo). Estas últimas y las fibras trepadoras (rojo), interaccionan constantemente con células de Purkině que transfieren información a NC y al complejo olivar inferior, en la vía olivo-cerebelosa, esencial en la estructuración de la conciencia. A partir de Carpenter & Sutin, 1983 y Voogd & Glickstein, 1998.

La codificación tensorial, igualmente puede ser adaptada al procesamiento de memoria asociativa y a otras tareas de reconocimiento (Rumelhart & Zipzer, 1985; Fuster, 2000), incluso asociando redes cognitiva de alto orden conciencial y neuronas espejo (Fishman 2014).

Varios grupos trabajan arduamente en los dominios computacionales vinculados con tareas de aprendizaje y memoria, como la de reconocer un rostro. Entre ellos sobresale el equipo de Dana Ballard, o el de los finlandeses que siguen la escuela de Teuvo Kohonen, de la Universidad de Helsinki, o los trabajos en la integración de las representaciones mentales (Kohonen & Hari, 1999, Sauvage et al, 2011. Moldakarimov et al, 2010, Chater & Oaksford, 2013; Neunuebel & Knierim, 2014).

> Las poblaciones neuronales codifican su acción siguiendo patrones vectoriales

En estos procesos, existe un tipo de procesamiento paralelo que sigue un patrón de aproximación de vectores y matrices, orientados a la res olución del problema de las tareas motoras de aprendizaje, en términos de la modificación espacial de un objeto en la memoria. Tareas que sirven para algunas funciones de reconocimiento. aunque no para otros tipos de aprendizaje cognitivo en humanos. Los estudios de neuroimagen, en este aspecto del reconocimiento facial en humanos, son un poco más benévolos. El grupo de Leslie Ungerleider, del Instituto Nacional de Salud Mental de Bethesda, describe que esta forma de procesamiento emocional, e incluso el de atención, se realizan de manera *top-down,* cumpliendo con los modelos ideales planteados originalmente por los precursores de las teorías conexionistas (Pessoa *et al*, 2002; Pessoa & Ungerleider, 2004).

39.2.1 VECTORIZANDO LAS REDES

Los modelos computacionales son la adecuación cibernética del modelo biológico específico de las redes cerebelares (Pellionisz, 1970), y el primer paso para comprender el procesamiento paralelo, siempre y cuando guarden la referencia del planteamiento del "tensor" de red, donde un vector puede ser transformado. Este se aplica en el paradigma clásico de las redes neuronales cerebelares, en el que existe una gran batería de probabilidades de entrada de información, a través de las fibras paralelas ascendentes y las células de *Purkině*, cuya probabilidad de conexiones sobrepasa, en esa sola área, 10^{12} opciones. En un trabajo multidisciplinario con el Departamento de Fisiología y Biofísica de la Universidad de Nueva York, los científicos infirieron un modelo computacional con un solo segmento de tejido cerebelar. En éste encontraron 8 mil

> En la ecuación de la TEN, la principal variable espacial es el vector.

285 células de *Purkině*; 1 millón 680 mil células granulares; 16 mil 820 fibras musgosas, y otras estadísticas cerebelares que demuestran la riqueza y potencial de combinación del modelo (Pellionisz & Llinás, 1979). La conclusión de esto es: si en una minúscula región cerebelar pueden existir células contadas, imagínense la proporción de probabilidades de conexión de 10 mil millones de neuronas cerebelares con las terminaciones de una sola célula de *Purkině*.

Tomemos en cuenta que, en general, una sola célula de *Purkině* recibe más de 200 fibras paralelas (Nichols *et al*, 2001), y en la rata pueden existir cuando menos 26 mil sinapsis entre las fibras trepadoras y una de estas células multipolares ricamente arborizadas del cerebelo (Ito, 2002).

En la figura 11.5, se observa el planteamiento geométrico de la redistribución y metaorganización cerebral. De manera didáctica, pueden apreciarse los patrones de coordenadas, covariantes sensoriales *(cov)* y contravariantes motoras *(cotv)*, que se utilizaron en el modelo de red del tensor vectorial (Pellionisz & Llinas, 1985).

La transformación de la covariante-contravariante sensoriomotriz dependiente del SME, ilustradas a manera de coordenadas, es la manifestación más evidente de que, para entender el funcionamiento de una célula,

> La diversidad neuronal del cerebelo y sus conexiones de fibras internas son un excelente paradigma para entender redes neurales.

deben conocerse sus posibilidades de interacción geométrica, dentro del concepto de las relaciones que se establecen entre las mismas neuronas, que en el cerebelo presentan un patrón euclidiano, similar a los tensores cartesianos que se utilizan en ingeniería; y más analíticamente, una polidimensional métrica riemanniana, similar al análisis vectorial que fue utilizado para explicar la teoría de la relatividad (Einstein, 1916). Si el problema básico del control sensoriomotor es adquirir coordenadas desde otro sistema, entonces las transformaciones tensoriales son, finalmente, lo que el sistema nervioso efectuará. En otras palabras, el planteamiento tensor de las redes neuronales es la transformada de un vector dentro de una matriz y, para ello, se requieren de sistemas de coordenadas como los que se presentan en el modelo de fibras nerviosas cerebelares.

> Para interpretar tensorialmente al cerebelo: la operatividad covariante~contravariante traduce la integración sensorio-motora.

Ésta es una aplicación cercana a la ecuación transformada de regresiones vectoriales, también llamada pseudoinversa de *Penrose-Moore* (Albert, 1972), que utilizaron los científicos para entender las geometrías metaorganizacionales que se dan en los sistemas posturales y en otros sucesos -como el evidente control motor cerebelar del cuello- presentes en animales domésticos y el hombre (Pellionisz 1984; Pellionisz & Ramos, 1993).

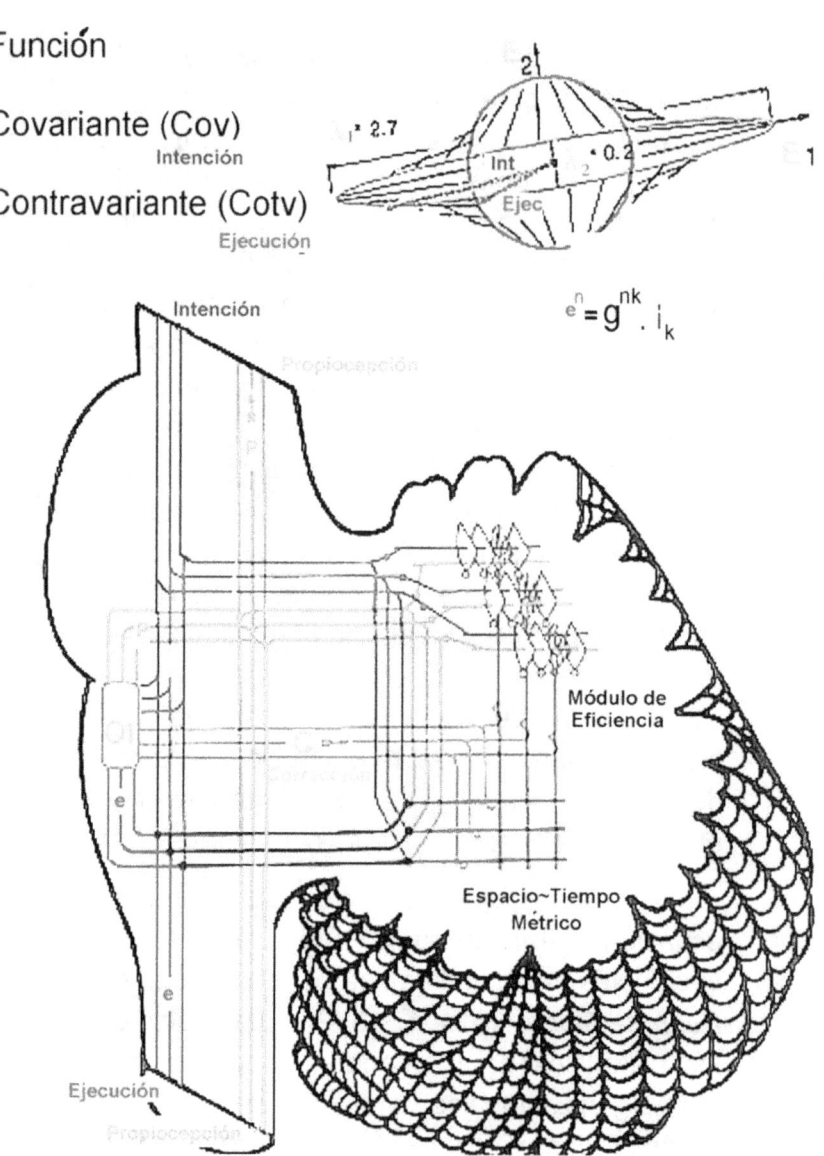

Fig. 11.5. Modelo del Tensor métrico espacio-temporal aplicado a la red cerebelar. Ejemplo didáctico del empleo de covariantes (cov) y contravariantes (cotv) de las diferentes aplicaciones vectoriales que se generan en el paradigma metaorganizacional del cerebelo (OI), Oliva inferior. (g), Tensor Métrico. (Modificado de Pellionisz & Llinás, 1985).

Igualmente en la figura 11.5, se observa que la transformación entre la covariante (propiocepción) y la contravariante (respuesta motora), implica fibras musgosas, células granulares y de *Purkině*, neuronas nucleares cerebelares y también del tallo cerebral, como el único vector ejecutor de información de salida (Pellionisz & Llinás, 1985).

En términos operativos, para explicar las funciones de coordinación del cerebelo, no se necesita del sistema de fibras trepadoras-oliva inferior, ni los mecanismos sensoriales propioceptivos, que eventualmente están implicados en estos procesos. Es más, existen reportes en los que originalmente se infiere la funcionalidad específica de las fibras trepadoras, cuyo sustento mecánico-vectorial de unión, puede constituir una red que traduce fisiológicamente la transformación covariante-contravariante *(cov-cotv)*, generada en el procesamiento sensorio-motor (Pellionisz & Szentagothai, 1973).

Posteriormente, este interrogante de la emergencia de la red de fibras trepadoras-oliva inferior pudo plasmarse en la génesis y modificación de la metaorganización cerebral, y los principios de geometría funcional reverberante, donde se explica que esta conexión olivar es realizada por los

> Los modelos algo rítmicos computacionales de retro propagación son aplicables a la organización nerviosa que caracteriza al cerebelo.

desplazamientos interneuronales *eigen*-vectoriales[2], responsables de crear redes córtico-nucleares de retroalimentación (Pellionisz & Llinás, 1985), traduciendo la propiocepción de origen espinal *(cov)* y la ejecución motora *(cotv)*, como principios computacionales *input-output,* existentes en las dinámicas cerebelares.

El uso de estos procedimientos de desplazamiento *eigen*-vectorial, es el modo computacional mediante el cual los sistemas algorítmicos pueden reconstruir la imagen y, ayudan a comprender los mecanismos que sigue el cerebro para reconocer las caras, y otros procedimientos de memoria que requieren de la construcción coplanar multidimensional (Turk & Pentland, 1991).

> La función neuronal también se puede entender adaptando modelos fractales

Los dos principales caudales de exploración de la geometría de la comunicación neuronal, son identificados por medio de un modelo fractal (Mandelbrot, 1977 y 1982), que se acopla muy bien a las neuronas de *Purkině* (Di leva et al, 2013), incluso en el correlato con los patrones de disparo de cada célula nerviosa, aproximándose a los modelos tensores reportados como covariantes métricas (Fig. 11.6).

---

[2] Orientación de un vector que, en álgebra lineal, es asociado a las covariantes y contravariantes de un sistema (Pettofrezzo AJ, 1966; Ballard, 1997).

Hacia una Nueva Concepción en el Procesamiento Neuronal

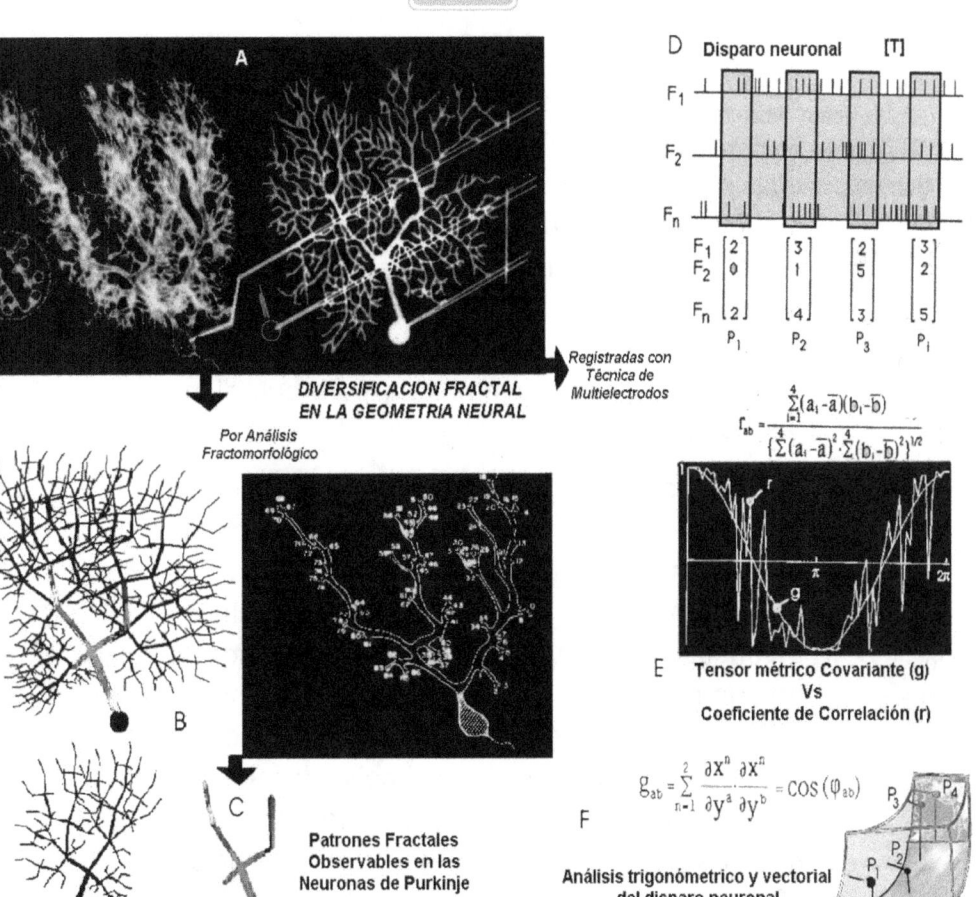

Fig. 11.6. **Modelo Analítico de la Geometría Fractal en Células Cerebelares.** En A), los electrodos llegan a la neurona de *Purkině*, cuya estructura ha sido estudiada ampliamente como modelo computacional. La riqueza geométrica de su arborización puede observarse en los diagramas que esbozan una inmensa capacidad de comunicación, en concordancia con sus dendritas enumeradas (modificado de Sejnowsky & Churchland, 1992). En B), una superposición del perfil fractal, que determina el asombroso comportamiento de estas neuronas, desarrollado en C). La técnica del registro electrofisiológico por multielectrodos ayuda a distinguir el patrón de disparo neuronal en varios puntos (F1,F2 y Fn), cuyas matrices se presentan en la gráfica D). Las operaciones y sustratos algebraicos que fundamentan la operatividad neuronal vectorial son evidenciados en el conjunto E), mediante análisis de covariantes del tensor métrico (g), comparado con un coeficiente (r), en un plano circunferencial que requiere de π. En la gráfica F), un precedente trigonométrico complementa matemáticamente el análisis multielectrofisiológico con la relatividad de las resultantes P1, P2 y P3, concebidas en D. Debe señalarse que las gráficas de la izquierda (B y C), muestran un comportamiento fractal no métrico, mientras que el lado derecho (D y H) refleja el ideal métrico de la geometría neural. (A partir de Pellionisz & Ramos, 1993).

Tensores y Fractales

> La geometría fractal de las neuronas de Purkině en el cerebelo, son un punto de partida para entender teorías conexionistas relacionadas con la estructuración de complejas funciones neuro cognitivas.

En E y F, tenemos dos ecuaciones, fundamentadas bajo rigurosos cálculos, en los que existen funciones trigonométricas y sumatorias vectoriales. La compleja y espectacular arborización de estas interesantes neuronas cerebelares se aproxima a modelos fractales determinísticos, que son analizados en la comparación geométrica para-euclidiana de B y C.

Una de las extensiones del modelo tensor de redes cerebelares es, sin duda, la aplicación al reflejo vestíbulo-ocular. En él se ha documentado igualmente el uso de matrices tridimensionales, y también se ha aplicado la transformada de *Penrose-Moore* en conejos, utilizando las coordenadas que están presentes en el modelo de las redes implicadas en tan trascendental reflejo para el diagnóstico de los estados del alerta y la conciencia (Pellionisz, 1993).

39.3 EL MODELO BIO-COMPUTACIONAL DE ARVO

Cuando el gran anatomista Rafael Lorente de Nó describió, en el siglo XX, sus diagramas explicativos sobre la vía del arco reflejo vestíbulo-ocular (ARVO), nunca imaginó que pudieran ser tomados finalmente como sustrato de la biónica moderna. Aunque al presentar sus teorías de la «auto~reexcitación» hicieran aparecer al modelo original como un prototipo de los circuitos reverberantes (Lorente de Nó, 1933), visionariamente pudo adelantarse varios años a los conceptos actuales de la retropropagación computacional.

Los elementos constitutivos del ARVO comprenden principalmente los movimientos sacádicos controlados por el colículo superior, que son procesados a través del tálamo, comprometiendo asimismo la acción de las estructuras musculares que se responsabilizan del movimiento de cabeza y cuello; la función retiniana encargada de la percepción visual; los músculos involucrados con los globos oculares y, finalmente, de gran importancia fisiológica, los fluidos cocleares, que sostienen la función vital del aparato vestibular en el oído interno y determinan categóricamente las propiedades concienciales de la vía auditiva. Operativamente, en el módulo 37, (Zambrano, 2014 b), se enunciaron las propiedades participativas de las estructuras anatómicas inmersas en las tareas de atención que determinan el enfoque de los objetos, mediante las denominadas "sacudidas oculares", o movimientos muy rápidos que realiza el sistema nervioso para no desenfocar el objeto que llama su atención.

> Una respuesta que integra actividad vestibular y ocular, indica el grado de sofisticación evolutiva que puede alcanzar una red neuronal.

Para compensar la rotación cefálica, el animal utiliza los movimientos oculares. En algunas especies, este movimiento no es tan trivial. Los mochuelos *(athene noctua)*,

Integración Vestíbulo - Ocular

curiosas aves familiares del búho, poseen pupilas fijas, lo que les confiere su característica y tan atenta mirada. Por ello, se ven obligados a girar la cabeza a la par del desplazamiento del objeto que observan.

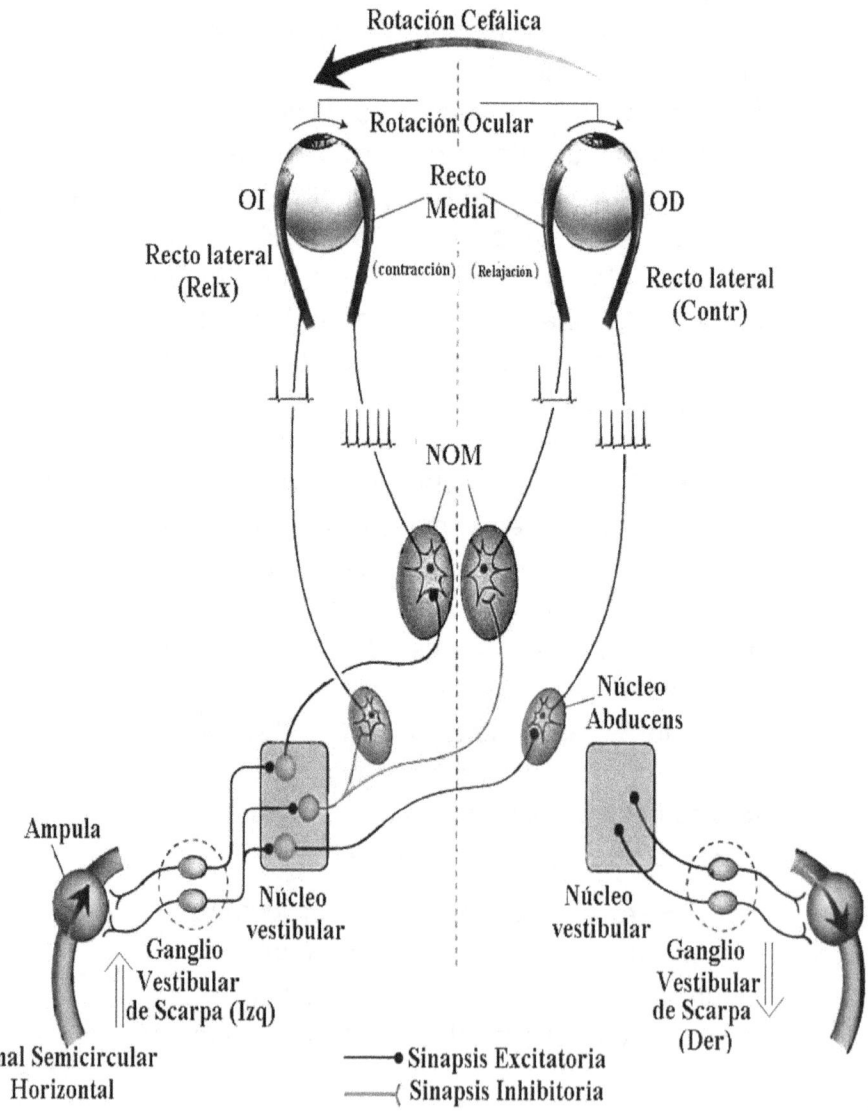

Fig 11.7 Integración del Arco-Reflejo Vestíbulo Ocular (ARVO). Se ilustra el movimiento de la cabeza hacia la izquierda, mientras la acción oculomotora gira a la derecha. Nótese la actividad opuesta interhemisférica. Del lado del ojo izquierdo (OI) hay relajación (Relx) por oficio del músculo recto lateral, mientras en el ojo derecho (OD), hay contracción. En el ganglio vestibular izquierdo (izq) la flecha índica actividad aumentada y del lado derecho (der), señala actividad disminuida. La información sensorial del canal semicircular se integra a neuronas motoras utilizando la mediación de del núcleo vestibular, cuyo número de interneuronas es igual en ambos hemisferios. El núcleo oculomotor (NOM) y el abducens, son sombrado en azul. La flecha negra dentro del ámpula indica el sentido del flujo en el canal semicircular, en sentido opuesto según el lado. En el núcleo vestibular izquierdo se representa una sinapsis inhibitoria (en rojo), del lado derecho se ha omitido la señalización para simplificar la circuitería del arco reflejo, pero sigue los mismos relevos. Modificado de Mathews, 2001

La mecánica simplista para comprender ARVO es que la rotación de la cabeza y los ojos no son compatibles; esto es, se llevan continuamente la contraria. Si el individuo gira el cuello hacia un lado, sus ojos, durante el reflejo, mirarán hacia el otro. En la clínica neurológica, la maniobra óculo-cefálica determina la función de un límite diagnóstico entre los estados de deterioro rostro-caudal que se observan en los estados comatosos (*Cfr.* Módulo 55).

Neuralmente, el complejo ARVO se comporta de una manera peculiarmente neurofisiológica. Para su comprensión, debemos considerar el plano vestibular, que

El Arco Reflejo Vestíbulo Ocular

> La complejidad del arco reflejo vestíbulo ocular (ARVO), es un modelo de alto acoplamiento cognitivo - conciencial

tiene tres canales semejantes a estratos escalonados. Allí, en el canal semicircular, se detecta la aceleración de los fluidos cocleares por las llamadas neuronas receptivas, activadas tras el estímulo que resulta mayormente sensible según la densidad del líquido, permitiendo la transmisión de la onda auditiva; estos receptores neuronales proyectan la información al núcleo vestibular en el tallo cerebral, previo relevo en el ganglio de *Scarpa*. A esto se suma la inervación oculomotora emergente en la misma vecindad protuberancial, cuyo sustento recae en los pares craneales III, IV y VI, encargados del acoplamiento nervioso de seis músculos, los oblicuos superior e inferior y los cuatro músculos rectos, en particular, el lateral, responsables finales del movimiento de las esferas oculares (Gonshor & Melville-Jones, 1973). Además, la instalación del reflejo puede durar entre 6 y 14 milisegundos, desde la recepción del estímulo por los cilios auditivos que vibran con el sonido hasta el movimiento ocular sacádico (Sejnowsky & Churchland, 1992).

Estas veloces contravariantes musculares otorgan el patrón tensor, con lo que puede adaptarse como un modelo neuronal que se ajuste al complejo olivo-cerebelar, determinante para la función conciencial. El hecho de que existan, anatómicamente, tres canales vecinos al canal semicircular -el posterior, el anterior y el horizontal- provee una estructura tridimensional al planteamiento de la red tensora, que, como hemos visto, puede manejarse multiespacialmente gracias a las transformadas vectoriales, lo que virtualmente permite comprender que, potencialmente, este modelo neuronal maneja seis dimensiones por cada uno de los músculos que generan un movimiento diferente en el ojo.

No está por demás recordar que en el movimiento del cuello, fundamental en el ARVO, participan más de 30 músculos (Pellionisz, 1988).

Esta múltiple hexadimensionalidad no es mayor que la multidimensionalidad sináptica que se produce en el cerebelo; pero sí ejemplifica claramente que la participación de las *cov* sensoriales y las *cotv* motoras facilitan, igualmente en el modelo de ARVO, la transformación tensorial sensoriomotora que rige en el cerebelo, y se caracteriza por su fenomenología reverberante que tiende a alcanzar un estado estacionario, la metaorganización cerebral y la utilización de matrices y modelos ajustados de *Penrose-Moore*; elementos que pueden ser fundamentales en la comprensión de este tipo de modelos neuronales (ver Figs. 11.6 y 11.7).

En una aproximación aún más neuronal, debe recordarse que la entrada de

> El ARVO, Arco-Reflejo Vestíbulo-Ocular, es un interesante modelo neurofisiológico para aproximarse científicamente al estudio de la conciencia.

información vestibular permite excitar la célula de *Purkinĕ*, cuya acción inhibitoria recae sobre las neuronas del tallo, particularmente del complejo olivo-cerebelar, previniendo cualquier comando motor residual en los globos oculares. De esta manera, surge la supresión del ARVO y, en consecuencia, del movimiento sacádico. Lo anterior no debe confundirse con el clínico reflejo optokinético, o nistagmo, que se presenta cuando seguimos un objeto en movimiento, por ejemplo, ver pasar los vagones de un metro buscando un objetivo atencional dentro de él, o seguir el paso de carros a alta velocidad y volver a situar los ojos en el mismo punto inicial. La diferencia fundamental es que el nistagmo es mucho más lento, y la otra es que el movimiento de las esferas oculares no necesariamente va en sentido contrario al giro de la cabeza. Además, el reflejo optokinético tiende a encontrar un estado estacionario transiente (Reisine & Raphan, 1992; Lang et al, 2013).

Por otro lado, y respecto a la asociación de la rapidez que se presenta en la instalación del reflejo sacádico, existe un modelo computacional hipotético que plantea el fenómeno de la "no recuperación" en la velocidad de algunos procesos eventualmente inmersos en el nistagmo espontáneo (Anastasio & Robinson, 1989; Anastasio *et al*, 2000). La desaparición del ARVO puede estar

> La supresión del arcoreflejo vestibular, resulta tras acción inhibitoria de neuronas de Purkinĕ en estructuras concienciales como el complejo olivo-cerebelar en el tallo cerebral.

acompañada por los ajustes de las neuronas motoras y, por tanto, el nistagmo, en el sentido estricto de su funcionalidad, tiene un curso temporal de recuperación muy corto.

Por medio de este modelo se puede inferir la funcionalidad de las unidades de transferencia en un sistema computacional *(hidden)*, importantes en la relación entre la entrada y la salida de información. Esto podría explicar los principios selectivos que existen en algunos modelos neuronales para eliminar la velocidad de almacenamiento, donde perseveran la desinformación y el margen de error en la calidad de transferencia sináptica, que también puede presentarse en redes cerebelares (Van Hemmen L & Sejnowsky T, 2003). La relación entre el carácter del generador sacádico y la posibilidad de comprender un sistema computacional sensorio-motor con una óptica de retroalimentación, ubica a las modificaciones tensoriales nuevamente en la opción de que los sistemas de recuperación, por su naturaleza biológica, deben tender a la coincidencia y a una sincronización neuronal de excelente precisión.

> El modelo biológico del ARVO, es aplicable a la robótica, especialmente en el área de control motor computacional.

Un reporte ya de éste siglo, vincula cierto tipo de contribuciones cerebelares al sistema sacádico, lo que realmente acerca aún más la relación de estos paradigmas con las tareas motoras atentivas (Glasauer, 2003). La

> Las varianzas y contra varianzas de ARVO, explican la funcionalidad de los tensores en la TEN.

participación de esta interpretación tensorial, tanto en cerebelo como en las estructuras audiosensibles y oculares, claramente se inclina más hacia las tareas de ejecución motora que a las intelectuales, independientemente de la aplicación al ARVO, donde sería mayor su implicación como signología conciencial del ser vivo que como una medida de covariante sensorial. No obstante, desde una perspectiva revisionista, pueden ser válidos los proyectos que desataron estas teorías, retomando algunas de sus ideas y aplicándolas en otros modelos robóticos, donde el control motor computacional, que se requiere para la actividad ejecutoria de tareas motoras finas, sea satisfecho en la generación de más flexibilidad; preocupación cardinal de los expertos actuales, que aún no encuentran la solución en este aspecto. Esto significa que los modelos mecánicos motores continúan siendo toscos, y sus movimientos corpóreos relativamente lentos, quedando en entredicho, hasta el momento, la creación de una máquina cerebral que pueda realizar tareas con igual velocidad que el humano, que puede recorrer 10 metros por segundo sin la articulación motora de dos piernas cibernéticas.

    Uno de los problemas que genera mayor polémica dentro de las neurociencias, en todas sus modalidades, es el tema de la conciencia y la manera de abordarla. Los modelos biónicos con propiedades sensoriales como la activación por sonidos de un dispositivo cibernético, la respuesta a la temperatura de ciertos sensores, o la discriminación colorimétrica de sistemas de seguridad por el iris de una persona, resultan esenciales para entender este nuevo paradigma de procesamiento cognitivo y redes neuronales. Empero, lejos de entrar en la dicotomía clásica que permite violar la línea divisoria entre humano y máquina, se propone un modelo conexionista de conciencia, cuyos formulismos son el fundamento academicista del teorema de la epistemología neuronal y de la neuroepistemología como tal (Zambrano, 2012).

> ¿Puede accederse al estudio científico de la conciencia, con un modelo conexionista?

Partiendo de la complejidad, tratamos de encontrar la manera de plantear una ecuación simplista, derivada de modelos fractales, que permita comprender los fenómenos de conciencia y aquellos subyacentes a la amplificación de la conciencia. Basándonos en el mismo modelo de las figuras anteriores, sostenemos que las funciones algebraicas son parte de la universalidad de las sumatorias vectoriales, lo que en conjunto nos brinda los parámetros enfocados al modelo de conciencia, el cual tiene dos componentes fundamentales: un patrón oscilatorio en hertz, y la direccionalidad cualitativa de la información; es decir, la fracción coincidente, característica de una red neuronal.

Los elementos de la ecuación que a continuación se expresan, son simples en su concepto; pero, dada su sencillez, se requiere el despeje de magnitudes desde fórmulas matemáticas más complejas.

> La ecuación de la TEN, tiene una propiedad conexionista

$$P^{n+1} = t\,(?/v)^{r} - \sum_{Wij}^{(\infty\,.\,k)} \;\to \Delta E$$

Eq. 11.1

La ecuación enunciada a continuación será desglosada en cada uno de sus componentes, como parte -insisto- de un proceso didáctico[3].

Módulo 40
EL MODELO CONEXIONISTA PARA ACCEDER A LA FENOMENOLOGIA DE LA CONCIENCIA

40.1 LA FORMULA DE LA T.E.N

La asociación de dos neuronas o de dos sistemas celulares tiene una probabilidad de coincidencia muy amplia que podría aplicar para ambientes *random* (Ver Figs. 11.1 y 11.2). Para cada sinapsis se debe considerar

---

[3] En el apéndice "A" al final del libro, se puntualizan los elementos algorítmicos y físico-químicos que sustentan la ecuación de la TEN (Teoría de la Epistemología Neuronal).

una dispersión considerable entre el tiempo de llegada de los impulsos eléctricos y la actividad individual generada por cada fibra nerviosa según su propia capacidad responsiva, lo que sugiere latentemente que de éste modo, nunca se podría predecir un patrón determinado de acción en pequeños segmentos de un sistema. En cambio, en espacios más grandes, la estadística se convierte en una herramienta que aumenta sus posibilidades de predicción y por tanto, de garantizar su eventual comprensión (Hebb, 1949, Sporns, 2014).

> La retro propagación algorítmica, constituye el fundamento de nuevas alternativas en procesos neuronales.

De acuerdo con dos vertientes básicas, la conexionista, fundamentada por sus reglas de independencia, integración e interacción continua (Sporns *et al*, 2002), y los principios definidos en el capítulo anterior, «*Qué es un modelo neuronal*», partimos de las inferencias promulgadas por los científicos pioneros, que fundamentan las leyes algorítmicas de la retropropagación computacional.

En términos generales, la conexión funcional entre los individuos y el entorno tiene estos mecanismos de interacción:

1. La adquisición de información de quien lo rodea.
2. La calidad de información a procesar.
3. La necesidad imperativa de comunicación, a partir de los datos obtenidos.

Transferencia Algorítmica de la Información

Lo que equivale a la primera ecuación planteada, donde los valores de retropropagación algorítmica son:

$$Xj = \varphi\ Yi\ .\ Wij$$
$$i$$

Eq. 11.2

> La calidad de la información a transferir es un carácter fundamental en modelos neuronales

Xj traduce la información procesada saliente. Yi, el grado de actividad o comunicación emergente, y Wij es la capacidad y calidad de transferencia de la información[4]. φ = calidad de la información. En otras palabras, la información ya procesada es igual a la calidad de información a procesar, por la capacidad cualitativa de transferencia que tenga dicha información.

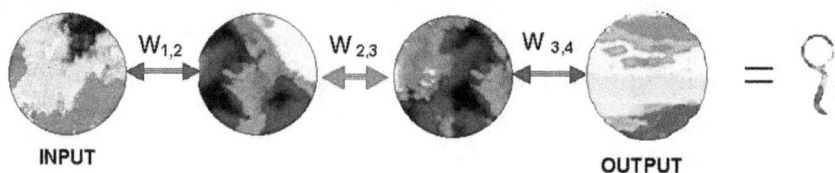

INPUT   OUTPUT

Fig. 11.8. Red simple que contiene una unidad de información entrante *(input)* y dos estados de información a procesar, más una unidad de salida, lista para comunicar sus datos. Lo ideal es que la unidad de salida *(output)* adopte el mismo estado del *input*. Esto depende de la interacción de W 1,2 y su resultante w 3,4 que, al final, deben coincidir (A partir de Hinton & Sejnowsky, 2001).

---

[4] En inglés, el autor Geoffrey Hinton llama a esta magnitud *"Weight"*, el «peso» de la conexión.

Por ser φ, una unidad cualitativa asociada al margen de error, se relaciona también, con un carácter contingente dependiente de la calidad de información a procesar.

Contingencia de $_\varphi$ = calidad de la información sináptica.

La relatividad inherente a la manifestación de la retropropagación en este modelo tiene sus raíces en los paradigmas de aprendizaje computacional algorítmicos ya discutidos. Sin embargo, su operatividad pragmática neuronal parte del modelo bijerárquico planteado por Joaquin M. Fuster, que se basa en la mediación temporal de las contingencias, y en la concepción dualística de la causalidad y el efecto, con un enfoque cibernético, y que se describe en el módulo 37.3 (Rumelhart *et al*, 1986a; Fuster, 2008). En este caso, los abordajes del problema de acoplamiento sincrónico neuronal, que los científicos plantean para comprender los mecanismos de la conciencia (Rosenblatt, 1961; Milner, 1974; Desimone, 1985; Treisman, 1995; Singer, 2001, Von der Malsburg et al, 2010; Zambrano, 2012), requieren de un *input* sensorial para garantizar la probabilidad de que se realice un archivo en los diferentes sistemas de memoria.

> El análisis de las contingencias neuronales, ayudan a predecir la función bi-jerárquica de los procesos percepción-acción.

Generalidades del Modelo

Las diferentes aproximaciones al problema emergente de la conciencia, enfatizan que la sincronización neuronal se traduce como un factor de coherencia que oscila alrededor de los 40 Hz, y que este, es el sustrato electrofisiológico para integrar fenomenología conciencial (Crick & Koch, 2003).

> La frecuencia de las redes tálamo corticales integrando conciencia, tiene un promedio de 40 hz

En esa frecuencia se ha demostrado que existe una aparente armonía de señalización intracelular entre diferentes sistemas; por ejemplo, en el complejo tálamo-cortical, con el que se entiende actualmente, el sustrato del funcionamiento para los estados concientes.

A partir de esta ecuación, Hinton propone calcular secuencialmente la importancia de *Yj*, usando alguna función del total de la información entrante ya procesada, que al graficar dará una curva sigmoidal, para entender dos estados probabilísticos P^{n+1} (ver Fig. 11.9).

$$Yj = \frac{1}{1 + e^{-X_j}}$$

Eq. 11.3

En términos de eficiencia Y_j indica que han sido determinadas las actividades de todas las unidades que procesan la información de salida, y le sigue el turno al momento en que la red computa el margen de error. Donde Y_j es la actividad dada por la fracción j en el numerador, y "d_j" es la calidad de salida ideal para todas las unidades j.

$$E = -½\; \varphi\, (Y_j - d_j)^2$$

Eq. 11.4

Hasta aquí, y siguiendo mayormente los modelos que cumplen leyes algorítmicas y de retropropagación, ya descritas en Redes Neuronales II (Zambrano 2014, b), basadas en sus cuatro fases elementales (Hinton, 1992), encontramos que, en relación con este nuevo modelo, existe la variante "E", que corresponde a la energía necesaria que se requiere para el desplazamiento de la información, que siempre, independientemente o no de su expresión, exhibirá un margen de error.

> Los conceptos de energía mínima, son el pivote para explicar ciertos tipos de sofisticada actividad neuronal.

Según Terrence Sejnowsky y Geoffrey Hinton, durante su ciclo de ponencias dictadas sobre los patrones de reconocimiento existentes en los modelos de visión computacional, celebrados en Washington durante junio de 1983, la energía de un

Energía Global Mínima

sistema (E), que se utiliza a partir del concepto de la energía global mínima discutida en el anterior módulo, se puede inferir a partir de la siguiente fórmula:

Eq. 11.5

$$E = -\tfrac{1}{2} \sum_{i \neq j} W_{ij}\, s_i\, s_j - \sum_{i} X_i\, s_i$$

(Hinton & Sejnowsky, 1983. Optimal Perceptual Inference, Proceedings of the IEEE. Computer Society Press. Silver Spring Md.   Pg 449.)

El fortalecimiento sináptico ostenta patrones semejantes a los modelos de aprendizaje computacional generados por retro propagación.

W_{ij}, sigue siendo la traducción del "peso" sináptico, o explicando la calidad de la información, entre *i* y *j* (las cuales difieren en sus caracteres primarios), mientras que $s_i\, s_j$, son modelos «booleanos» binarios entre 0 y 1; finalmente, X_i es la entrada de información externa. Si se aprecia bien, la entrada de información externa sólo se multiplica por un modelo operativamente binario, siempre y cuando esté asociado al margen de error estándar, el cual tiene un precedente negativo.

A partir de la ecuación 11.3, se puede realizar la «simple modificación de John Hopfield» sobre un modelo probabilístico sigmoidal de *Boltzmann*, basado en el puente de energía existente entre 0 y 1 (Δ *Ek*), (Hopfield, 1982).

$$Y = \frac{1}{1 + e^{-\Delta Ek/T}}$$

Eq. 11.6

Únicamente para explicar la relación entre la energía de un sistema mínimo y el equilibrio termal: (*T*), indica el parámetro de temperatura universal aplicable a una distribución de la Eq. 11.3, para dos estados.

$$\frac{P_\alpha}{P_\beta} = e^{-(E\alpha - E\beta)/T}$$

Eq. 11.7

Donde P_α, es la probabilidad que representa al estado global α y E α, es la energía de ese estado (Hinton & Sejnowsky, 2001).

La interacción entre los modelos estocásticos y probabilísticos puede ser relativamente precisada en distribuciones bimodales de *Boltzmann* y en los campos aleatorios markovianos (Moussoris, 1974). Los elementos estocásticos binarios pueden resolverse por apacible relajación algorítmica (ver Módulo 39), y, en particular, por el principio armónico-integral (Smolensky, 1983), equivalente al modelo energético planteado en la ecuación 11.7.

> La actividad neuronal es bimodal, tanto para su ejecución excitatoria como inhibitoria.

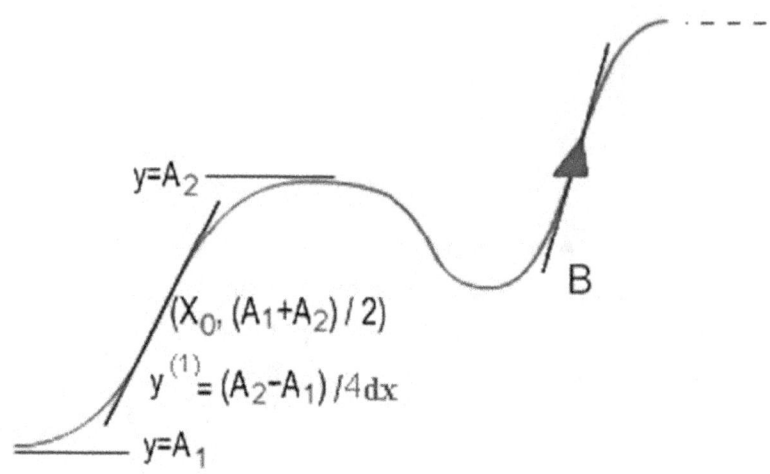

Fig. 11.9 Panorama gráfico que contiene dos estados probabilísticos separados por barreras de energía mínima. La cinética puede ser usada para analizar el estado de la red (representado por el triángulo), indicando que durante la relajación, las unidades binarias, simétricamente conectadas en un estado mínimo, pueden ejercer comportamientos estocásticos (Modificado de Hinton & Sejnowsky, 2001).

A partir del principio integral de Paul Smolensky, se infiere la adición de valores que integran las constantes algorítmicas que se han venido tratando, todas con referencia a la información saliente y la calidad de transferencia de la información, que garantizan la retropropagación.

$$\frac{\varphi}{W_{ij}} = \int_{\delta X_o}^{X_j} + \int_{\delta X_o}^{Y_i} + \int_{\delta X_o}^{W_{ij}} \cdots \int_{-\infty}^{\infty} \rightarrow E$$

Xo = Xoutput

Eq.11.8

En suma, la integración de las derivadas de la relación *input/output*, (δXo es *input*), y el valor de *Xj* como real índice de salida de la información *(output)*, adicionada a la integral de δXo y *Yi* (intensidad del *output* o grado de comunicación emergente), más el último valor que integra a δXo y *Wij (hidden)*, se suman para producir la calidad de la información (Unidades visibles), incluso con probabilidades de retroalimentación que podrían ser infinitas, siempre y cuando exista la energía ($\rightarrow$ E).

Si después de la serie de integraciones a la que es sometida la ecuación, hallamos que el margen de error estándar de *Wij* (el peso de la interacción sináptica) es directamente proporcional a la energía que lo sustenta; entonces, el fenómeno depende de nuevos factores, y éstos deberán ser igualados a una determinación probabilística (P^{n+1}).

La probabilidad elevada a la n+1 está significando que el valor del factor puede modificarse a otro estado; en otras palabras, tener una actividad neutra o expectante y ejercer una dinámica modulatoria inhibidora *(Down-regulated)*, o excitadora *(Up-regulated)*. La potenciación probabilística también tiene otras acepciones que se discuten sustentadamente en los capítulos que comprenden toda la sección 5 de esta *Summa*

> La interacción sináptica entre dos neuronas y la liberación de neurotransmisores, son analizadas usualmente por metodología probabilística.

El *Inn* y la Relevancia de la Función Fractal

Neurobiológica: "Niveles de Conciencia y Cognición" *(ver índice General)*, y que versan sobre los estados perceptivos amplificados de la conciencia, donde la funcionalidad del cerebro tiene un cúmulo sorprendente de probabilidades inimaginables de ser estudiado.

40.2 EL INN Y LA RELEVANCIA DE LA FUNCION FRACTAL

El Patrón Fractal Coincidente (PFC), es un factor probabilístico, que se representa como ***Inn*** ($♀$) en la ecuación 11.1.

> Las variables en la ecuación de la TEN, son probabilísticas, fractales y algorítmicas

$$P^{n+1} = t\,(♀/v)^r - \sum_{W_{ij}}^{(\infty \cdot k)} \rightarrow \Delta E$$

Entre ellos, mayormente describimos a la unidad constante de tiempo, representada universalmente como **t**, y al paréntesis ($♀/v$), elevado a una potencia relativa *r* que es infinita y constante, además de las variables de peso sináptico y energía.

El valor $♀$ o *(Inn)* es un componente que obedece a patrones fractales de oscilación neuronal y $♀/v$ representa las magnitudes vectoriales no euclidianas de algunos comportamientos neuronales que se ajustan al correlato temporal y sincrónico de determinado grupo neuronal y a traducciones ejecutivas de alto comando cerebral.

Mientras que "V", tiene una connotación geométrica-física en un sistema coordenado co-planar, y representa la condición vectorial o la capacidad de coherencia o sincronía de la orquestación neuronal; la unidad φ, se traduce como una magnitud de carácter probabilístico, determinado por un lineamiento similar al principio de incertidumbre del tipo *Heisenberg*, conformando el patrón coincidente direccional que facilita la uniformidad requerida para uniformar la información tras una oscilación medida en Hz, o coherencia neuronal, fundamentado en una serie de modificaciones logarítmicas al análisis del modelo de redes de tensores cerebelares, planteado originalmente en Hungría por Andras J Pellionisz y finalizado en las áreas de robótica de la NASA, cuyo centro de investigación se encuentra en Mofett Field, California (Pellionisz, 1970; Pellionisz & Ramos, 1993). Como todo modelo hipotético de consistencia teórica, es sujeto de pruebas experimentales, debiendo ser orientadas principalmente a dos tipos de paradigmas: el sistema olivo-cerebelar y el tálamo-cortical, ambos implicados en los fenómenos de conciencia (Zambrano, 2014 d)

> La comunicación sináptica es relativamente aleatoria. Para su análisis se requiere de ecuaciones que sean adaptables a los ambientes *random* inter sinápticos.

El premio Nobel de Física 1932, Werner Heisenberg, después de plantear su teoría de las formas alotrópicas del Hidrógeno, a sus 23 años, postula que es imposible conocer simultáneamente con exactitud la posición y velocidad de una partícula (Heisenberg, 1927). En el modelo neuronal de la liberación cuántica de neurotransmisores, es actualmente indeterminable, el conocimiento la posición específica de cada neurotransmisor por hendidura sináptica, pese a que los científicos pueden inferir la tasa de liberación de un paquete cuántico (Katz, 1969). En los patrones vectoriales de comunicación neuronal se puede saber la dirección de la comunicación en una red neural; pero es imposible predecir la intensidad de la información. Aunque existe un patrón oscilatorio estereotipado para regiones clave de la comunicación neuronal, con una intensidad γ de entre 30 y 50 Hz, el resto de los procesos no puede calcularse sino por medio de la idea de la mecánica cuántica *(q)*. Donde p = 1, y en la que una partícula tiene sus variaciones en *momentum* y exactitud, según la constante de *Planck*, lo cual continuamente producirá relativos márgenes de error (Heinseberg, 1932).

> Para estudiar los procesos cuánticos de liberación de neuro transmisores se puede recurrir al concurso del patrón fractal coincidente.

$$\Delta p \Delta q \geq \frac{h}{4\pi}$$

De lo anterior se desprende que *p* y *q* son variables dependientes, canónicamente estipuladas, mientras *h* y *4* л, pese a su semejanza geométrico-espacial, son constantes entrópicamente indeterminadas, asociadas al principio de incertidumbre (Heisenberg, 1927).

De forma igualmente concurrente, existe en la física el «efecto zeno-cuántico», EZQ, que traduce acepciones de equilibrio molecular transitorio, donde los datos de determinada información permanecen -durante un tiempo específico- en un espacio descrito como, "*Holding in place*" (Misra & Sudarshan, 1977; Stapp, 2003). Tal fenómeno precisa de cierta estabilidad termodinámica, y no disminuye entre las interacciones que se dan, tras la modificación de la información cerebral por el *input* ambiental (Stapp, 2009).

> El valor relativo del patrón fractal coincidente apoyado en otras magnitudes espacio-temporales, es fundamental para comprender cómo se estructura la traducción neuro cognitiva de la senso percepción.

Es interesante como ($\female$), no sólo constituye un «*patrón fractal coincidente*», sino que, en la medida que se relaciona con los márgenes de error (φ), de las diferentes etapas de sincronización topográfica (en el momento en que las neuronas escogen su lugar para hacer sinapsis, por ejemplo, desde núcleos talámicos hacia la capa IV o VI cortical), se aproxima a un modelo multidimensional que se basa en vectores riemannianos geométricos, asociados al denominado hiperespacio, y utilizados similarmente en otras teorías, lo que otorga una "relatividad cualitativa" a la conciencia.

En la misma vía explicativa ($\female$, ***Inn***), en sus carácter de *patrón fractal coincidente*, define muy bien su condición de tensor métrico covariante en un modelo de este tipo, ya que (♀) representa la actitud intencional del tensor sensoriomotor explicado en el módulo 39.1 y, por supuesto, el sustrato de la neurobiología y la retroalimentación computacional; esto es, la interacción entre un estímulo determinado y una respuesta estrictamente ejecutiva, que obviamente puede ser seleccionada de acuerdo con las condiciones de desplazamiento *eigen*-vectorial, lo que proporciona el margen de error y fortalece el valor de relatividad a la ecuación. ¿De qué depende el patrón de acomodamiento neuronal? ¿Cuáles son los grados de afinidad tálamo-cortical para que una neurona decida hacer sinapsis?

> El GTP es la unidad energética más comúnmente asociada a procesos neuronales cognitivos.

La respuesta parece estar en «φ» y, probablemente, en un patrón energético celular dependiente de ATP o de GTP, el dispositivo biológico que finalmente propone el límite funcional de la conciencia, y ecuacionalmente se contrapone en su patrón algebraico. Dicho de otro modo, el carácter infinito y constante de la misma relatividad es el factor operativo del «φ» al subsistir condicionantes que la determinen, cuando menos en la variable algebraica comprendida en la integración de los factores ∞ y $-\infty$.

Evidentemente, la conciencia no tiene por qué ser infinita, pues depende de fenómenos existenciales (imaginativos o sensoriales) y, por tanto, posee un carácter ontológicamente terminal, a la vez que su epistema es relativamente inextinguible mientras fluya un condicional energético. Discurrir si la *escencia* de la conciencia trasciende al individuo tras su extinción, es parte de amplios trabajos filosóficos que, desviarían el enfoque epistemológico del texto.

En concreto, considerando que la ecuación es modificable en sus aspectos funcionales, y dado que la especialidad de ciertas neuronas tienen un margen de error estandarizado otorgado por la reciprocidad de su eficiencia, la concepción simplista quedaría así:

$$P^{n+1} = t\left(\wp/v\right)^{r^{(\infty \cdot k)}} \rightarrow \Delta E.$$

Nótese que φ *(Wij)*, es suprimida pese a su valor predecesor negativo.

Los factores enunciados siguen un orden ecuacional a partir de la formulación que apoya las teorías probabilísticas *bayesianas*, la cual guarda similitud con las tres propiedades básicas de sus componentes: La nominación probabilística, la variable a graficar y el factor entrópico *(h)* (Zemel, 1993; Ballard, 1997).

> La interacción de las proteínas dentro de la actividad nerviosa, determinan cierto carácter entrópico en las dinámicas neuronales.

Recursos Estadísticos Bayesianos

En la regla de Bayes, que ha sido utilizada en relajación estocástica (Geman & Geman, 1984), y también en modelos multidimensionales neuronales, como los de las capas profundas del colículo superior (Anastasio *et al*, 2000), existe un término programado para ofrecer más datos, que es entendido como: Probabilidad de un modelo "$P_{(M)}$", libremente asociado a magnitudes logarítmicas, siguiendo la propuesta adaptada a modelos de aprendizaje de Richard Zemel, de la Universidad de Toronto, comprendida como el grado mínimo de longitud descriptiva «MDL»[5], acotada por primera vez por Jorma Rissanen, en 1989.

> Las variables probabilísticas en la TEN, están ligadas al fortalecimiento sináptico

$$p^{(M)} = \left(\frac{1}{2\pi\beta}\right)^{\frac{w}{2}} e^{-\frac{1}{2\beta}\sum_i \omega_i^2}$$

Por lo tanto, se infiere que $P^{(M)}$ otorga la calidad de ecuación probabilística a la fórmula enunciada en la Eq. *11.1*. De la misma forma, la fracción potenciada $(1/2\ ^{\pi\beta})^{w/2}$, equivale al complejo ($?/v$), que es elevado a una relatividad infinita y constante, representada en el modelo de MDL como *w/2*. Para los teóricos probabilísticos *bayesianos*,

---

[5] Del Inglés, MDL, Minimum Description Length. Rissanen J. (1989) *Stochastic Complexity in Stastistical Inquiriy*. Teaneck, NJ, World Scientific. Ver Apéndice "A", al final del libro.

esta fracción tiene un corte de graficación *gaussiano*; no obstante, con base en el seguimiento de la Eq.11.3, la ecuación que se plantea en este libro se perfila de una manera sigmoidal (Ackley *et al*, 1985). El tercer elemento de carácter entrópico *(h)* está dado por $e^{-1/2\ \beta}\ \varphi_i^{w2}{}_i$, en el que observamos las cualidades de peso sináptico que identifican los modelos de retropropagación ya discutidos. Es claro que la calidad de transferencia sináptica proveniente de la primordial Wij, guarda una semejanza con el patrón fractal coincidente que estará activado; siempre y cuando haya energía, dado que es termodinámicamente dependiente.

Por tanto, ♀, en su carácter coincidente aleatorio, cumple con los requisitos enunciados como parte de la analogía termodinámica que se ilustra con el cubo de *Necker* (Fig. 11.3), e igualmente se ajusta a los conceptos de energía global mínima y de relajación algorítmica, permitiendo la retroalimentación constante mientras exista energía. Matemáticamente, este tercer elemento puede ser ajustado dentro de la computación natural, partiendo del principio de que un *bit* en la computadora tiene las mismas probabilidades de producir un *bit* de información, lo que sería representado así: $0 \leq h \leq \log n$ (Ballard, 1997).

> El análisis termodinámico de los espacios inter sinápticos puede ser analizado por la operatividad del *Inn*, el patrón fractal coincidente.

Aplicaciones del Patrón Fractal Coincidente

De esta forma, siendo que un *bit,* es una unidad de información y el patrón fractal coincidente, obviamente es la unidad mayor de procesamiento de información; entonces: $0 \leq h \leq \log n \leq ♀$. En otras palabras, y prácticamente en su grado máximo de reducción aritmética: $0 \leq 1$.

40.3 APLICANDO EL PATRON FRACTAL COINCIDENTE

Esta ecuación, derivada de modelos algorítmicos computacionales, fractales y estocásticos, para vislumbrar la conciencia multidimensional, podría interpretarse como: « *La probabilidad de la estructuración de la conciencia (p^{n+1}), representando dos estados operativos a nivel neuronal, es igual a: un tiempo determinado (t) del acto a procesar, multiplicado por parámetros coincidentes aleatorios (♀), sobre su capacidad de coherencia espacial (v), bajo una relatividad r, infinita y constante, sí, y sólo sí, haya energía (E) para mantener la existencia de un organismo*» (Cfr. Módulo 61).

> El carácter de *Inn*, el patrón fractal coincidente, es mayormente espacio-temporal

La trascendencia temporal o constante de tiempo «*t*», tiene la misma condición determinista que rige la biofísica clásica. Empero, por el hecho de que la retropropagación computacional sea un factor predisponente en el sustrato operativo de la ecuación, es más probable que este factor tiempo se acople con mayor sincronía a la mediación temporal de las contingencias, planteado por Fuster. La diferencia de las constantes de tiempo en el concepto seguirá siendo el mismo. Mientras que la «t» puede entenderse como el tiempo que gasta un capacitor en cargarse (o más terrícolamente, el tiempo que demora un tanque de agua en llegar a un nivel predefinido de llenado). El paradigma de la mediación temporal es mucho más figurativo, pues la «t» que existe en ese modelo sistémico refleja el curso temporal que utiliza la jerarquía motora en instalar un proceso atentivo activado por un estímulo sensorial. Por otro lado, en una aproximación celular que media la contingencia temporal entre un estado refractario y activo de la neurona, «t» traducirá el momento exacto en que esa unidad decida actuar o permanezca con patrones de disparo específicos, ya sean inhibitorios o excitatorios, que la mantengan ocupada hasta recibir una nueva misión de transferencia de información. Debido a que la temporalidad, además de contingente, depende intrínsecamente de la relatividad aleatoria de las otras variables de la ecuación, la cualidad operativa de «t» está sujeta a los valores existentes que son planteados en este modelo, donde a las neuronas se les atribuye un conocimiento operativo, según su función.

> La fórmula de la ecuación de la TEN, también tiene una variable temporal, que ayuda a comprender la fenomenología inter neuronal.

Modelo Conexionista de la Conciencia

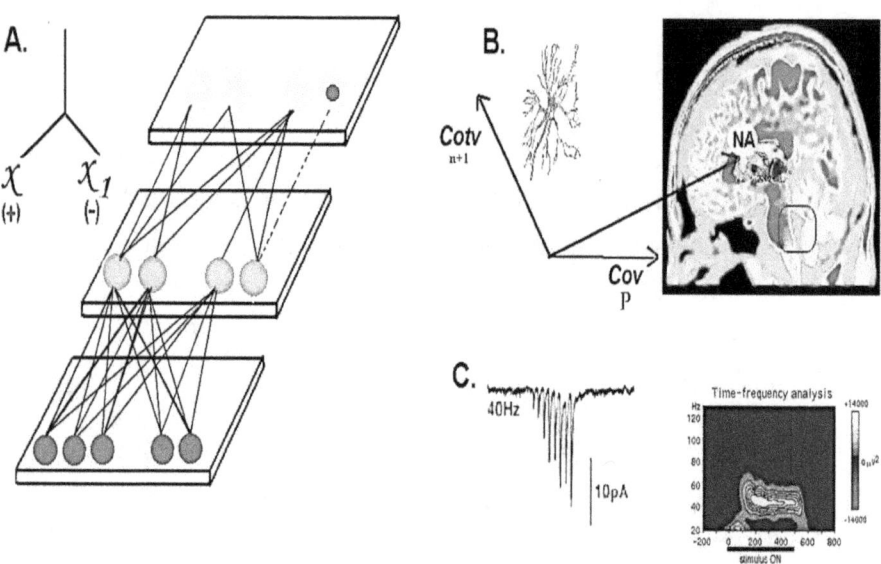

Figura 11.10. Modelo conexionista de la conciencia. Se establecen dos tipos de procesamiento: el sensorio-motor, explicando un modelo tensorial que involucra estructuras talámicas activadas tras un estímulo; así como la actividad cognitiva, donde las neuronas piramidales juegan un papel preponderante en la ejecución de las funciones cerebrales superiores. Por otro lado, se ilustran mecanismos de retroalimentación tálamo-cortical, indicando la importancia de la neuronal necesaria para la estructuración de la conciencia. En **A)**, el comportamiento de los modelos algorítmicos neuronales de células implicadas en la generación de la conciencia. Nótese cómo la unidad neuronal cuyo vector de interacción es azul, puede tener la opción selectiva binaria ($0 \leq 1$) -excitando o inhibiendo su actividad-, mientras que también existen neuronas expectantes (N^e), o sin actividad (línea intermitente), esperando el estímulo para ejercer un patrón de disparo. (vemos *input*, amarillo; *hidden*, verde; *output*, rojo). **B)**. Los valores *eigen-vectoriales* resultantes de sistemas (cov) sensorial y (cotv) motor, son transformados por el procesamiento sensorio-motor efectuado en varios núcleos talámicos, o por actividad sensorial-emocional que se transmite al núcleo anterior del tálamo (NA). La comunicación tálamo-cortical se lleva a cabo en núcleos reticulares del tálamo, que reciben información de áreas pontino-cerebelares y del complejo olivo-cerebelar (en recuadro). En la analogía *eigen*-vectorial, la probabilidad (p) también puede ser tomada como covariante, y n+1 es su contravariante; lo que equivale en el teorema tensorial, a la resultante de dos estados vectoriales previos: es decir, $a+b \leq 1$. **C)**. Dos formas de evidenciar las oscilaciones neuronales a 40 Hz, traduciendo el principio neurobiológico de la conciencia. El clásico registro electrofisiológico y un análisis espectral tras una tarea de procesamiento sensorial.

Hacia una Nueva Concepción en el Procesamiento Neuronal

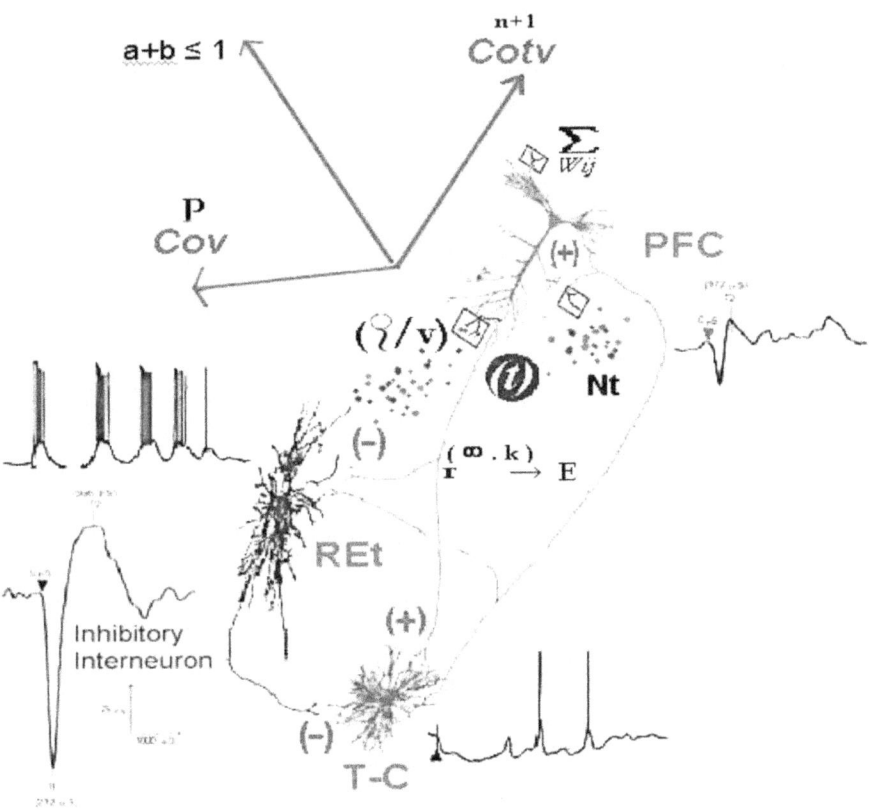

Se aprecian los desplazamientos de información y atracción interneuronal *eigen-vectorial* (a+b ≤ 1) entre neuronas tálamo-corticales, exhibiendo actividad inhibitoria (-) (Cov P), o excitadora (+) (Cotv, n+1). El circuito de retroalimentación tálamo-cortical indica que allí se procesan niveles de conciencia y cognición, los cuales requieren de alta coherencia neuronal. Se ilustran respuestas neuronales a estímulos córtico-talámicos, con registros en neuronas reticulares talámicas (REt) que ejercen actividad inhibitoria, así como controles en neuronas Tálamo-Corticales (TC). Además en células piramidales de la corteza prefrontal (CPF), que responden a neurotransmisores excitatorios como glutamato, se evidencia actividad de receptores tipo NMDA. Las dendritas piramidales (marcadas con rectángulos); traducen la geometría fractal de las neuronas. La presencia de   está indicando el Patrón Fractal Coincidente, indispensable en el comportamiento selectivo neuronal. La liberación de neurotransmisores (Nt) es representada en paquetes cuánticos; (P^{n+1}), advierte la capacidad selectiva neuronal, incluso con la terminal sináptica más capacitada «en ese momento (t)», para transferir información. El componente inhibitorio, sobretodo en corteza, también puede ser mediado por neuronas probablemente GABAérgicas o serotoninérgicas. En la siguiente página, observamos la aplicación de la mecánica de dos estados

La Ecuación de La TEN

probabilísticos P(n+1), evaluando actividades inhibitorias y excitadoras neuronales.

E.

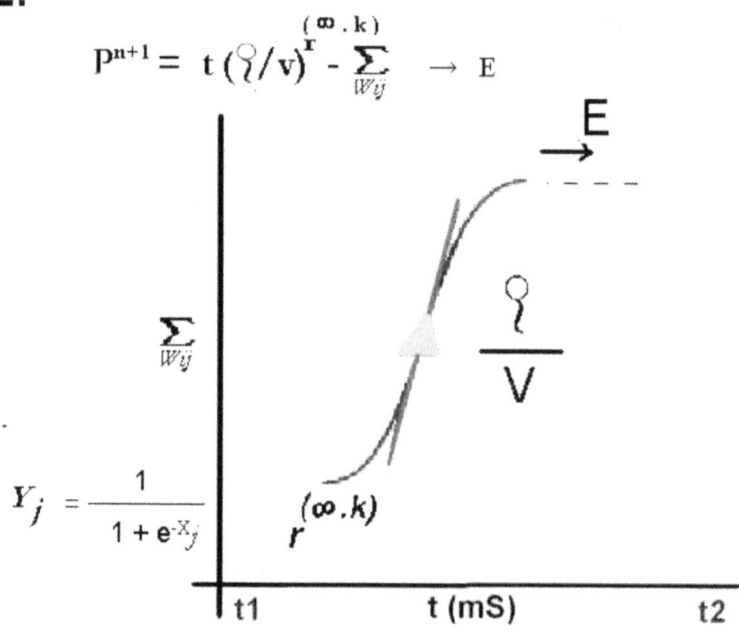

$$P^{n+1} = t\left(\stackrel{\varphi}{/}v\right)_r^{(\infty \cdot k)} - \sum_{W_{ij}} \;\; \to E$$

$$Y_j = \frac{1}{1 + e^{-X_j}}$$

La gráfica sigmoidal (E), explica la ecuación que resulta originalmente enunciada en las fórmulas 11.3 y 11.7. Tiene un acoplamiento tangencial único, determinado por el patrón fractal coincidente que, teóricamente, identifica el momento de sincronización mediado por la contingencia temporal y la relajación algorítmica. Obsérvese que la sigmoidal, que identifica el modelo probabilístico de dos estados diferentes de la materia, muestra puntos de continuación que representan la posibilidad infinita de reverberancia sináptica, siempre y cuando exista la energía. El peso sináptico W*ij*, se asume como una variable útil para comprender la calidad de transferencia de la información en un espacio de intercambio como el cubo de Necker, en los procesamientos de redes neuronales, ver figura 11.3 (*Cfr.* Apéndice "A", al final de este libro).

La traducción gráfica de los elementos de la ecuación que sostiene a la funcionalidad operativa de la TEN, se aprecia en la figura 10.11. Allí se entiende didácticamente la función algorítmica y algebraica de la fórmula en cuestión (Eq. 11.1), que explica paso a paso, la funcionalidad dual excitatoria e inhibitoria neuronal.

Las neuronas piramidales, cuyas particularidades de funcionamiento individual y colectivo se han discutido previamente (Elston et al, 2011), tienen por tarea primordial respecto al (*PFc*) patrón fractal coincidente ♀, seleccionar la unidad con la que se desea interactuar y, más exactamente, en la búsqueda y discriminación de la dendrita específicamente más capacitada para transferir información.

Tanto en terminales presinápticas, como en la postsinapsis de cada una de ellas, hay dispositivos de reconocimiento para no fallar en la calidad de la información, lo que traduciría la imagen operativa de *Wij*, el peso sináptico, o calidad de transferencia de la información. Se debe recordar que la funcionalidad de los tensores vectoriales es solamente espacial o multidimensional, puesto que la afinidad interneuronal es eminentemente electroquímica; no obstante, con base en fenómenos como el de la sinaptogénesis, donde el axón es guiado

> Los principios reverberantes Hebbianos son ajustables al perfil cognitivo de algunas neuronas que integran conciencia y procesos de aprendizaje y memoria

hacia un cúmulo de receptores en otra neurona o tejido, se podría plantear un desplazamiento vectorial multisináptico.

Por tanto, la capacidad selectiva de las diferentes estirpes neuronales; para que en forma vectorial, se escoja el tipo de interacción que induzca transmitir información e incluso, se decida por una particular terminal sináptica, o determine elegir simultáneamente más sinapsis en la neurona postsinática mejor capacitada - en un momento exacto y solo en ese momento-, se acopla a los principios que rigen la coherencia y sincronización neuronal en la teoría de la conciencia relacionada con el *binding problem* (Treisman, 1995, Von der Malsburg, 1999; Singer 2001; Leisman & Koch, 2009; Zambrano, 2012).

> En la TEN, el patrón fractal coincidente garantiza la coherencia inter sináptica y el acoplamiento neuronal sincronizado

La figura 11.10 muestra la interacción tálamo-cortical, que igualmente goza de retroalimentación constante de predominio, eléctrico. Allí se comprenden los estados de vigilia-sueño, o sea, la interacción de las células del núcleo reticular talámico (RET) con las diferentes capas de la corteza cerebral en este caso de la corteza prefrontal (PFC) que estructuran diversos estados de conciencia.

También en 11.10, se concretan las relaciones de los valores y magnitudes de la ecuación que se desarrolla en todo este módulo 40, especialmente en grupos de neuronas que tienen una notable participación en la neurobiología del intelecto, como son las de la CPFDL y sus variables de interacción integrativa córtico-cortical y córtico-subcortical; las del complejo olivo-cerebeloso, y las del núcleo reticular talámico.

Así mismo se aprecia la disposición computacional que teóricamente desempeñan. Es decir, se advierte la potencialidad selectiva de cada unidad binaria, ya que tienen actividad moduladora positiva y negativa, que es traducida estocásticamente en los *quantums* de neurotransmisores liberados y en los patrones de disparo que las identifican. Se considera, igualmente, la importancia de la fracción $♀/V$ ya analizada, que determina la fractalización vectorial no euclidiana de las células en el momento de comunicarse, las cuales, gracias a su comportamiento selectivo y expectante, preservan un patrón de relatividad dependiente de la energía.

> El modelo teórico de la epistemología neuronal, cumple con los principios fundamentales del conexionismo.

La trascendencia de este modelo, que cumple con los clásicos mecanismos de *reentrada* (Sporns, 1991; Edelman, 1993), sustentan los principios conexionistas. Esto se apoya en un primer factor independiente (entrópico), dependiente de la segunda ley de la termodinámica y en la estocástica existente en la comunicación sináptica. Un segundo componente de integración, corresponde al carácter de $♀/V$, y a un tercer elemento: el de la complejidad, generado por la constante y recíproca interacción de las unidades neuronales (Sporns 2006; 2014). En términos aplicativos, tiene dos acepciones: 1. la aplicación al procesamiento intelectual de los eventos preatentivos y a la instalación de los procesos que requieren de atención selectiva como parte de los muchos acontecimientos ligados al estado de alerta; y 2. la consideración alterna que tiene un carácter más cercano a la tesitura neurofilosófica de la TEN, la teoría de la epistemología neuronal que sustenta las bases de la neuroepistemología(Zambrano, 2012, 2014 e).

> La ecuación de la TEN, enfrenta las condiciones termodinámicas y cuánticas que se suscitan en la comunicación neuronal.

40.4 EL CONOCIMIENTO DE LAS NEURONAS Y LA EPISTEMOLOGIA NEURONAL.

La teoría de la epistemología neuronal se basa en tres aspectos fundamentales: 1) la neuronalidad o el conocimiento de las neuronas, 2) el epistema proteico o la carga genético-molecular de cada neurona que predetermina su función y 3) la operatividad algorítmica de las dinámicas neuronales (Zambrano, 2012) explicada por la ecuación 11.1 y ampliada en el apéndice "A", al final de este libro.

Existen muchas subdivisiones operativas de cada estirpe neuronal que justifican la neuronalidad, (personalidad celular) o en este caso, el conocimiento de cada neurona para implementar acciones pragmáticas y eficientes de comunicación sináptica en el momento exacto y con la neurona indicada. Lo que se podría entender como un tipo de "conocimiento *per sé*" determinado primariamente por un predeterminismo genético (episteme proteico) y por el ambiente basado en la reverberación y en el fortalecimiento sináptico de una neurona tras experiencias iterativas, que se traduce como aprendizaje y re-aprendizaje (Hinton & Sejnowsky, 2001) en modelos de redes neuronales.

Ese conocimiento puede ser apreciado a partir de que cada célula es independiente y autónoma, dueña de sus propias decisiones y responsabilidades dentro de un grupo de trabajo altamente productivo, o red neuronal; lo que les da un tipo de personalidad neuronal, o *neuronalidad*. Este término ilustra entonces, el conocimiento específico que puede llegar a alcanzar cada neurona, o sea su grado de especialización y sofisticación en tareas neurales que integran conciencia.

Para ejemplificar tal conocimiento neuronal, la neuroepistemología trabaja con la elemental taxonomía de la TEN (Zambrano, 2012). En estos términos, cada neurona ostenta una identificación genotípica y

> La *neuronalidad* es una propiedad epistémica de toda célula nerviosa, que la identifica como tal. En síntesis, traduce la personalidad de las neuronas.

fenotípicamente individual, singular e irreemplazable. De esta manera podemos describir a (N^i), la neurona individual o que se identifica como célula del sistema nervioso y no de ningún otro órgano o sistema, que al tener funciones de célula excitable y sináptica cumple con funciones jerárquicas de transmisión y comunicación celular específica. (Ver Box 11.2).

> El sustrato organizativo de la TEN, obedece a la taxonomía que evidencia el poderío operativo de cada neurona.

Lo anterior quiere decir que N^i, despliega sofisticados mecanismos evolutivos e internos como lo son su propia síntesis proteica, transporte endocítico y habilitación de tarea sinápticas, que determinan su carácter de comunicación interneuronal expresamente para cumplir las funciones de liberación de neurotransmisores (Sudhof, 2013, Zambrano, 2014 F).

Algunas células también, desempeñan tareas selectivas espacio-temporales de alta precisión. Esto es, selectividad cualitativa de a quienes, donde y en qué momento, debe transferir o recibir información.

Esta taxonomía funcional es evidenciada y clasificada dentro de la TEN, demostrando específicamente "lo que realmente las neuronas han tratado de decirnos" desde los principios de su propia naturaleza y perfil evolutivo, pues cada célula nerviosa tiene un comando definido, lo que nos explica el principal objetivo del "Naturalismo pragmático". Es decir, las neuronas especializadas pueden procesar diversas funciones basadas en sus características icónicas más conocidas. Por ejemplo, intercambio de neurotransmisores en la hendidura sináptica como Dopamina, Serotonina, Noradrenalina, además de otras células especializadas como las peptidérgicas, pudiendo todas estas producir cambios en nuestros estados de ánimo, conductas cerebrales y reacciones emocionales entre otros fenómenos mentales (Purves et al, 2001, Baars, 2010, Siegel et al, 2012, Squire, 2012).

> En la TEN, cada neurona tiene una función operativa, compatible con sistemas de computación

El término "unidad neural" para estudiar las categorías epistémicas de la TEN (ver Box 11.2), es el de la Neurona Funcional (N^F), aquella que opera dentro de un sistema modular compuesto por una o varias redes neuronales y que es preponderantemente asociada a neurotransmisores (*vide infra*) en su episteme operativo. En términos evolutivos, N^F, tiene una doble función, y también es regida por los estudios tempranamente descritos sobre arquitectura intracortical (Lorente de Nó, 1949, Mountcastle, 1957), donde uno de sus caracteres, se asocia con los acomodamientos por capas, cumpliendo con las modalidades topográficas propias de la migración neuronal (Rakic, 2009).

BOX 11.2

LOS FUNDAMENTOS DE LA EPISTEMOLOGIA NEURONAL

(Cinco Postulados)

PRIMERO: (N^I).

Cada neurona (N^I), al conocer sus propias limitaciones biológicas, tiene su propio carácter que las diferencía de las demás, pese a que su objetivo es permanecer y corresponder funcionalmente en un módulo neuronal.

Como unidad biológica fundamental del SNC, la neurona individual (N^I), tiene su propia personalidad. Para ello se vale de su integridad proteica y del acople transcripcional de sus ácidos nucleicos que predisponen los funcionamientos de los diversos subsistemas que la conforman, generando programas de transporte y síntesis de proteínas, que son imprescindibles para su supervivencia.

SEGUNDO: (N^C).

Cada (N^I), tiene por supuesto la cualidad conexionista *per natura*, determinada por la capacidad selectiva neuronal. Su función primordial es integrarse a una organización mini o macrocolumnar. La neurona conexionista N^c es selectiva: desarrolla la opción de comunicarse o no con quien tenga afinidad, o reservarse el derecho de entablar comunicación.

Tiene una capacidad intuitiva que fundamenta tal especialidad selectiva. Llega a ser un tanto predictiva, pero también puede establecer mecanismos de inhibición presináptica, una sofisticada tarea de neuronas evolucionadas.

TERCERO: ($N^f \sim (N^{Eq})$.

La Neurona Funcional (N^f), es el garante operativo del oficio neuronal, predeterminado genéticamente para interactuar. Su finalidad optimizar la formación de redes eficientemente sincronizadas a veces moduladas por neurotransmisores.

La capacidad organizacional de **(N^f)** deriva en la capacidad de ecualización neuronal. Es decir (N^{Eq}), es la unidad que modula la actividad de la red neuronal, o un subsistema. Se adapta al patrón oscilante, del resto de las neuronas que en una columna se viene ejecutando, con el fin de garantizar una uniforme sincronización neuronal.

La neurona funcional (N^f) en su modalidad de neurona ecualizante (N^{Eq}), trasciende de los modelos de reverberación hebbiana y concede a su evolución, facultades algorítmicas que son finalmente, el sustrato epistemológico operativo de la plasticidad sináptica, así como de la sinaptogénesis, el evento conformacional y fenotípico de N^i.

CUARTO: (N^α).

(N^α), es la neurona alfa. Ejerce el máximo grado de competencia dentro de una columna, utilizando un muy mínimo índice de energía. Es la modificación pragmática a la neurona (N^{Eq}), cuya actividad de relajación depende de los grados de energía mínima que se requieren para desencadenar interacción celular óptima.

Su traducción fisiológica equivale al grado de optimización máxima de una columna, pero consumiendo la menor energía posible. La participación de N^{α}, en una red, define el carácter de la información a procesar. En este caso, la neurona puede permanecer en un tipo de expectación esperando el mejor momento – apoyado en su P.F.C (♀)–, y obtener una comunicación ideal. La neurona α, es aquella que dentro de una columna, tiene gran madurez y capacidad sináptica, debido al número y volumen de sus espinas dendríticas.

QUINTO: (N^{E})

(N^{E}) es una neurona expectante. Su función se basa en los principios de contingencia operativa, apoyada principalmente por las cualidades de (N^{C}) y (N^{α}). Es una neurona altamente especializada, con sofisticada predeterminación molecular, cuya función trascendental es mantener los umbrales predictivos de ciertos circuitos fundamentales para la operatividad de la conciencia en un circuito neuronal; por ejemplo, el tálamo- cortical. (N^{E}), también ejerce funciones de reconocimiento específico en las actividades de asociación cognitiva y su actividad tiene una cualidad gradual de respuesta, respecto a los estímulos que recibe y a la consolidación de la información que eficazmente debe integrar.

Igualmente, N^F, en su capacidad polifuncional, se asocia con la reverberación neuronal, o sea con el principio de la retropropagación computacional basada en algoritmos (Hinton & Sejnowsky 1986), un elemento insustituible para comprender el carácter fractal de la ecuación que explica la Teoría de la Epistemología Neuronal (*vide supra*).

Esta *neuronalidad* que caracteriza a la TEN, es innegablemente conexionista. Dentro de esta naturaleza, la taxonomía de la TEN también identifica a la neurona conexionista (Nc), integrando la operatividad pragmática *absolutamente algorítmica* que se genera en el gran conjunto probabilístico de la comunicación neuronal.

> Las neuronas funcionales, conexionistas y ecualizadoras son caracteres que identifican a la TEN

Así, las neuronas ecualizan su actividad dentro de una red neuronal (N^{Eq}), para alcanzar óptima coherencia y sincronía neuronal que garantiza la producción de actividades concienciales y avanzadas compatibles con procesos sofisticadamente cognitivos, o simplemente creativos desde el punto de vista emocional y sensoriomotor, que son explicados por diferentes patrones de oscilación neuronal. (Sejnowsky & Churchland, 1992, Wang, 2010).

El episteme proteico de cada neurona (Zambrano, 2012), otorga mecanismos moleculares predeterminados evolutivamente

Paradigmas Funcionales de las Neuronas

para ejercer en ocasiones mecanismos caóticos, que sirven para explicar matemáticamente, cómo funcionan realmente todas las redes neuronales en fracciones de segundo y que la TEN, demuestra con su fórmula probabilística con componentes fractales-espaciotemporales (ver apéndice A).

El conocimiento de las neuronas, puede ejemplificarse en los paradigmas de interacción cortical, como el de las interneuronas inhibitorias de tipo GABAérgico, encargadas de modular la actividad excitadora de las neuronas piramidales de la corteza prefrontal (Gupta et al, 2000, De Felipe et al, 2013), las cuales son altamente selectivas cumpliendo con su patrón jerárquico para priorizar sus tareas cognitivamente ejecutivas. En otras palabras las neuronas piramidales en su mayoría son neuronas α, con modalidades funcionales operativas excitatorias.

> La gran variedad de neuronas GABA érgicas, explica la relevancia de la función inhibitoria entre neuronas.

La aproximación taxonómica de la TEN, describe categorías neurales, como las mencionadas células GABAérgicas entre ¡más de 50 tipos de interneuronas corticales! (Markram et al, 2004), aunque hoy se hacen esfuerzos por clasificarlas según sus espinas, arborizaciones, enzimas, axones, etc (De Felipe et al, 2013). De ésta manera, muchas neuronas fenotípicamente avanzadas del circuito tálamocortical pueden desarrollar conductas predictivas[4], como las llamadas

Neuronas Expectantes (N^E), que basan su operatividad en los principios de contingencia interneuronal (Fuster, 2008).

Otro ejemplo que es discutido profundamente en la parte V de esta *summa neurobiológica* (Zambrano, 2014 e) parece ser hoy, totalmente práctico para evidenciar que las neuronas podrían tener conocimiento de lo que hacen y por qué lo hacen; es el de la neuronas-espejo. Este comportamiento quizá, es suficiente para mostrar el grado de especialización de algunas estirpes celulares (Gallese et al, 1996, Rizzolatti et al, 1996, Rizzolatti & Craighero, 2004, Cross & Iacoboni, 2013).

> Las neuronas expectantes (NE), son el paradigma de evolución celular al predecir y seleccionar el *momentum* de la comunicación neuronal.

El procesamiento polisensorial es más rico en ejemplificaciones. Las células de la vía visual, en fracciones de segundo (milisegundos), procesan figuras, texturas, colores y cada una de estas neuronas, se localizan topográficamente localizadas en diferentes capas corticales de la corteza occipital (Hubel, 1981; Zeki, 1993).

Las anteriores descripciones son solo una parcela de los más representativos tipos de conocimiento que las neuronas desempeñan, incluso implementando conductas predictivas y estableciendo mecanismos de inhibición presináptica entre ellas (Eccles, 1964; Rudomin, 1967, 2009), asegurando dispositivos de control entre diversas redes neuronales y así optimizar complejas tareas de ejecución cerebral.

40.4.1 LO QUE DETERMINA EL CONOCIMIENTO NEURONAL

La especialización de las unidades neuronales obedece, como ya hemos dicho al *episteme* proteico (Zambrano, 2012), a su experiencia en el ejercicio del fortalecimiento sináptico basado en el principio Hebbiano de la reverberancia y por supuesto, a la evolución fenotípica del concepto "célula neuronal" o neurona individual (N^i)

> La pre determinación molecular, fundamenta la actividad y función específica de cada neurona.

Dentro de estas N^i, existe una jerarquía y algunas neuronas alcanzan diversos grados de especialización, incluso dentro de un mismo linaje. Esto justifica incluso la capacidad que tienen las neuronas para ecualizar su actividad dentro de una red neuronal (N^E), ajustándose a las demás (Tiesinga & Sejnowsky, 2004; Zambrano, 2012), con el fin de que la red obtenga su objetivo y resuelva sus problema en rangos de milisegundos.

Así, las oscilaciones "γ" de 30-80 Hz registradas en áreas límbicas, pueden manifestar rápidas variaciones en amplitud y frecuencia entre una actividad y otra como un rasgo epistémico del comportamiento neuronal del desempeño de N^I, y $Nf \sim N_{Eq}$. Incluso, ritmos theta (θ) de 4-8 Hz en áreas parahipocampales como el fornix y el área septal, están relacionadas con la modulación de neuronas colinérgicas (Buzsaky, 2002, 2006). Esto explica que el funcionamiento de una neurona, en este caso N^f, son absolutamente dependientes de una actividad neurotransmisora e.g, neuronas aminérgicas, GABAérgicas, etc.

Un ejemplo de neuronas funcionales GABAérgicas, se encuentran en el neocortex, con células denominadas en canasta (*Basket Cells,* BC), involucradas en actividades cognitivas. Dentro de las células en canasta, se encuentran las células en *Nido* (NBC) que además de ser neuronas neocorticales (muy avanzadas) son interneuronas inhibitorias, lo que les otorga un *status* de controlar a las células piramidales excitatorias de la corteza prefrontal (CPF), estableciendo por antonomasia el control de la respuesta cognitiva en el encéfalo. Estas NBC, tienen una irregular arborización que les facilita las conexiones sinapto-somáticas con otras células y las clasifica dentro de células α, gracias a su número y volumen de botones sinápticos disponibles, especialmente de la capa II, III y IV de la capa cortical (Gupta et al, 2000, De Felipe et al, 2013) expresando poca o nula actividad neuropeptidérgica, al igual que otras de su misma clase que incluso expresan

> La diversidad de células GABA, resulta esencial para justificar la taxonomía operativa que propone la TEN.

Las Interneuronas GABAérgicas

Peptido Vasointestinal (VIP) (Markram et al, 2004).

> Muchas células dependientes de GABA, son afines a comportamientos ecualizadores o expectantes dentro de una red neuronal.

Otro tipo de neuronas del sistema neocortical, son células no espinosas, como las células "en candelabro"; unas interneuronas funcionales (Nf), cuyos axones son extensamente ramificados verticalmente, semejando en particular, la forma de velas de candelabro (Szentagothai & Arbib, 1974). Estas células pueden ser multipolares y bipenachadas, cuya característica principal está ligada a la excitotoxicidad y las convulsiones (De Felipe, 1999), comúnmente asociadas a esquizofrenia (Lewis et al, 2011) y activas en las capas II a VI, pero mayormente haciendo sinapsis en las capas, II, III y V, donde pueden actuar como neuronas α (Nα) con carácter ecualizador (N^{Eq}) o expectante (N^E), junto con otras células como las doble bouquet (Del Río y De Felipe, 1997) y células "candelabro" que seleccionan estratégicamente el punto sináptico donde las neuronas piramidales producen su potencial de acción al mejor estilo de N^E que están asociadas a neuropéptidos como la somatostatina (Gonchar et al, 2002). Esta dependencia a neuropéptidos, fundamenta el segundo punto de la TEN, en la que el oficio neuronal va de la mano con la predeterminación proteica, que mayormente puede estar asociada a proteínas fijadoras de calcio, como parvalbumina, calretinina o calbindina (del Rio & De Felipe, 1997; Markram et al, 2004) integrando funciones de alto orden cognitivo-intelectual.

Las células de doble bouquet (DBC) reportadas en grandes poblaciones celulares en áreas visuales de Brodmann, exhibe acciones intersinápticas inhibitorias –incluso intracolumnares– desde las espinas y ramas dendríticas de las capas II a V y también, de las capas subgranulares (De Felipe et al, 2006). Son células ricas cuyo epistema proteico está gobernado por Calbindina (CB) y Calretinina (CR), además de neuropéptidos como VIP, CCK; pero no por Somatostatina (SS) o neuropeptido Y (NPY).

> La actividad de neuronas inter corticales se asocia a proteínas fijadoras de calcio.

En la corteza auditiva de algunos vespertilios no hematofagos, se han descrito también células bipenachadas (BTC), en las que se registra actividad GABAérgica de alto orden (Winer et al, 2011), cuya dependencia proteica es sensible a CB y CR (al igual que las DBC visuales), así como a NPY, VIP, SS y CCK (Markram et al, 2004). Tienen un soma ovoide, lo que hace pensar que las células sensoriales inhibitorias (α-expectantes), no requieren de parvalbumina (Zambrano, 2012).

La relevancia neocortical de estas interneuronas inhibitorias, radica en que generan actividad tálamo-cortical. Esto permite inferir una asociación con los mecanismos generadores de eventos concienciales, e igualmente en la estructuración de sofisticados componentes cognitivo-sensoriales que tienen que ver con los EAC e incluso con los sistemas de memoria y aprendizaje, difiriendo de unas neuronas como las bipolares (BPI), que atraviesan seis capas corticales enseñando una actividad neuromodulatoria doble, es decir, llenando con las expectativas de la fórmula de la TEN (ver Ecuación 11.1) y el papel probabilístico (P_{n+1}), donde las neuronas pueden ser excitadoras o inhibidoras por acciones VIPérgicas o GABAérgicas respectivamente (Markram et al, 2004).

La capacidad taxonómica de la TEN, es tan amplia que amerita un estudio de años, e ir integrando patrones electrofisiológicos de cada linaje, no solo de la corteza, sino a nivel subcortical, bulbo-protuberancial y medular. Hoy, los científicos trabajan para determinar funcionalidades sinápticas (Sudhof, 2013), microcircuiterías con afinidades electrofisiológicas (Markram, 2013) y morfólógicas (De Felipe et al, 2013), buscando un consenso multidisciplinario, orientado a resolver los enigmas y las aplicaciones de alta cognición en los sistemas nerviosos en general, con respecto a los aspectos concienciales y evolutivos que preocupan, en forma trascendental, a la neuroepistemología (Zambrano, 2012, 2014 e).

> Las inter neuronas corticales, dependen en gran parte de la acción de neuro péptidos para ejercer su acción.

EXCERPTA SUCINTA

- El procesamiento neuronal se realiza de forma jerárquica, en sistemas distribuidos y en modalidades de interacción micro y macrocolumnar.

- Una forma de acceder al estudio neurocientifico de la conciencia en todos sus niveles, consiste en aplicar teorías conexionistas que requieren de juiciosos análisis probabilísticos y de aplicación de modelos algorítmicos de retropropagación computacional.

- La interpretación tensorial del cerebelo, la multidimesionalidad de la topografia cortical y la morfología fractal de ciertas neuronas especializadas, conceden el elemento conexionista, para plantear seriamente la Teoría de la Epistemología Neuronal (TEN).

- El Patrón Fractal Coincidente (φ), traduce la necesidad de reconocer y analizar cuánticamente, la espacio-temporalidad existente en el entorno físico-químico de toda comunicación sináptica.

- La TEN, tiene tres argumentos que relacionan la personalidad neuronal, el epistema proteico y la retropropagación algorítmica.

Literatura Fundamental y Sugerencias Bibliográficas

Buckner RL (2013). The cerebellum and cognitive function: 25 years of insight from anatomy and neuroimaging. Neuron. 80(3):807-15.

Chater N & Oaksford M (2013). Programs as causal models: speculations on mental programs and mental representation. Cogn Sci. 37(6):1171-91.

Cross KA & Iacoboni M (2013). Optimized neural coding? control mechanisms in large cortical networks implemented by connectivity changes. Hum Brain Mapp. 34(1):213-25.

DeFelipe J, Hestrin S, Huang J, Jones EG, Kubota Y, Markram H, Yuste R, & Ascoli GA et al (2013). New insights into the classification and nomenclature of cortical GABAergic interneurons. Nat Rev Neurosci. 14(3):202-16.

Elston GN, Benavides-Piccione R, Elston A, Manger PR, Defelipe J (2011). Pyramidal cells in prefrontal cortex of primates: marked differences in neuronal structure among species. Front Neuroanat. 10;5:2.

Fishman I, Keown CL, Lincoln AJ, Pineda JA & Müller RA (2014). Atypical Cross Talk Between Mentalizing and Mirror Neuron Networks in Autism Spectrum Disorder. JAMA Psychiatry. 2014 Apr 16.

Flusberg SJ, Thibodeau PH, Sternberg DA & Glick JJ. (2010) A connectionist approach to embodied conceptual metaphor. Front Psychol. 1:197

Haak KV, Fast E, Baek Y & Mesik J (2014). Equalization and decorrelation in primary visual cortex. J Neurophysiol. 2014 Feb 26.

Hebb D0 (1949) The Organization of Behavior. A Neuropsychological Theory. John Wiley & Sons, NY.

Lewis DA (2011). The chandelier neuron in schizophrenia. Dev Neurobiol. 71(1):118-27.

Markram H (2013). Seven challenges for neuroscience. Funct Neurol. 28(3):145-51.

Bibliografía Selecta Libro Once

McClelland JL, Botvinick MM, Noelle DC, Plaut DC, Rogers TT, Seidenberg MS, Smith LB (2010). Letting structure emerge: connectionist and dynamical systems approaches to cognition. Trends Cogn Sci. 14:348-56

Moldakarimov S, Bazhenov M & Sejnowski TJ (2010). Representation sharpening can explain perceptual priming. Neural Comput. 22(5):1312-32.

Neunuebel JP & Knierim JJ (2014) CA3 retrieves coherent representations from degraded input: direct evidence for CA3 pattern completion and dentate gyrus pattern separation. Neuron. 81(2):416-27

Rakic P (2009). Evolution of the neocortex: a perspective from developmental biology. Nat Rev Neurosci. 10(10):724-35

Sauvage C, Poirriez S, Manto M, Jissendi P & Habas C (2011). Reevaluating brain networks activated during mental imagery of finger movements using probabilistic Tensorial Independent Component Analysis (TICA). Brain Imaging Behav. 5(2):137-48.

Sporns O (2014). Contributions and challenges for network models in cognitive neuroscience. Nat Neurosci. 2014 Mar 30.

Südhof TC (2013). Neurotransmitter release: the last millisecond in the life of a synaptic vesicle. Neuron. 80(3):675-90.

Winer JA, Bui LA, Hong JH, Prieto JJ & Larue DT (2011). GABAergic organization of the auditory cortex in the mustached bat (*Pteronotus p. parnellii*). Hear Res. 274(1-2):105-20.

Zambrano Y (2012) Neuroepistemology. What the Neurons Knowledge, tries to tell us. Phy Psy K'a Publishing, Co.

Zhu P, Frank T & Friedrich RW (2013). Equalization of odor representations by a network of electrically coupled inhibitory interneurons. Nat Neurosci. 16(11):1678-86.

APÉNDICE "A"

Palabras clave: Complejidad, Entropía, Energía Mínima, MDL, Patrón Fractal Coincidente (♀).

A.1 'APÉNDICE ALGO-RÍTMICO'

A.1.1 DE LOS INSTRUMENTOS...

En el módulo 40 de este libro *"Hacia una nueva concepción del procesamiento neuronal"* se enfatizan varios aspectos fundamentales que sustentan la fórmula 11. 1, apoyando las dinámicas que, siguiendo las reglas de la mecánica estadística y de ciertas propiedades de la física contemporánea, existen en la generación de la comunicación nerviosa respecto a tareas cognitivas de alto comando, constituyendo el soporte matemático y algorítmico de la Teoría de la Epistemología Neuronal (TEN).

$$P^{n+1} = t\,(♀/v)^r - \sum_{W_{ij}}^{(\infty\,.\,k)} \rightarrow E$$

(Eq. A.1) = (Eq. 11.1)

Apéndice "A"

Los elementos de la Eq. A.1, son espacio-temporales, donde una función probabilística de dos estados (p^{n+1}) es equivalente a la contingencia temporal (t) que multiplica a la unidad (♀ / v), traduciendo la interacción del patrón fractal coincidente (♀) en planos vectoriales (v); bajo una perspectiva relativa (r), infinita y constante (∞ . k) siempre y cuando existan las variables de la energía (Δ E).

Los estados de energía mínima y sus derivaciones ecuacionales sustentadas previamente (Eqs. 12.2 a 12.8), discuten los conceptos esenciales que relacionan a la complejidad desde una óptica conexionista (Sporns *et al*, 2002; Sporns, 2006), la entropía (Heinsenberg, 1937) y el MDL *(Por sus siglas en inglés, Minimum Description Length)*, el grado de compresión mínima de información y principio computacional de un mensaje que une la complejidad estocástica con la mecánica estadística (Rissanen, 1989); variables fundamentales para la comprensión y seguimiento de éste apéndice.

La complejidad desde un perfil conexionista, equivale a la evaluación conjunta del peso sináptico generado por los eventos propios de la comunicación nerviosa. En términos computacionales, caracteriza el peso algorítmico de un procesamiento donde se incluyen los eventos fundamentales de la entrada de información, sus variables de transferencia y la consecuente salida transformada del mensaje *(input, hidden y output)*.

Para ejemplificar el tiempo de resolución de estas magnitudes desde un punto de vista algorítmico, tomamos una lista de números *n* que tienen un tiempo proporcional *n log n*. Sí multiplicamos dos matrices cuadradas *n x n*, tal tiempo proporcional tendría una exponencial n^{log7}. Este ejemplo práctico depende de una función polinomial dependiente del *input*, -incidiendo mayormente en un peso sináptico- donde coexisten una constante *K* y una variable del tiempo *T(n) = Kf(n),* ya que *f* se convierte en la función polimodal de *n*.

Debido a que las entidades binarias 0 y 1, identifican algebraicamente un curso computacional, todo procesamiento algorítmico p^{n+1} debe comprender estas dos magnitudes y sus aplicaciones logarítmicas. La teoría de la complejidad nos dice que un costo de procesamiento puede resultar muy caro, si lo tratamos de comprender desde las escalas de tiempo *T (n),* como una función exponencial del tamaño del *input*. $[T(n) = k C^n]$. Donde los valores para k y C, serían k = 1 y C = 10. Así, el problema del tamaño 100 puede resolverse en 1 segundo y un problema de un tamaño de 10.000 tomaría 10^{100}

segundos; o lo que es lo mismo, una magnitud mayor que la edad del universo! (Ballard, 1997).

TABLA A.1

Complejidad Algorítmica	Tamaño del *input*, n			
	10	30	50	70
N	10^{-6}	3×10^{-6}	5×10^{-6}	7×10^{-6}
n^3	10^{-4}	$.27 \times 10^{-2}$	$.12 \times 10^{-1}$	$.34 \times 10^{-1}$
2^n	$.2 \times 10^{-4}$	61 hrs	29×10^{13} a	14×10^{32} a
3^n	$.18 \times 10^{-1}$	15×10^{9} a	47×10^{29} a	49×10^{60} a

Tabla A.1 El tiempo que una computadora toma para resolver un problema es de 10^{-7} segundos por *input*, cuando el tamaño del *input* se entiende como entidad de la complejidad algorítmica. Todos los tiempos son en segundos, excepto donde se especifican horas y años (a). En el caso de las funciones con complejidad polinomial $f(n)$ las magnitudes parecen razonables. Las complejidades exponenciales *2n* y *3 n*, pueden ser resueltas solamente desde una simple *n*. (Ballard, 1997)

Los elementos de la computación natural aplicada a la neurobiología, están conformados por: 1) el MDL, brindando la posibilidad de certidumbre en la descripción comprimida de los datos; 2) el aprendizaje, cuyos factores algorítmicos y de retropropagación son componentes cruciales para la comprensión funcional del fortalecimiento sináptico; y finalmente, 3) la arquitectura especializada, que se basa en la organización modular y paralela descrita en el procesamiento clásico en el sistema nervioso, en especial procesamiento somato-sensorial y cognitivo que es compensable en milisegundos.

El principio de MDL respecto a la complejidad se formularía:

$$Ct = {}^{n}B\,t + {}^{n}B\,xd\,t$$

Eq. A.2

que postula la importancia de la unidad de procesamiento elemental llamada *bit*, en la teoría de la complejidad (Ct), especificando que el número de *bits* (B) entre dos sistemas de codificación debe ser sumado para generar complejidad algorítmica: primero en un número teórico de *bits* (^{n}Bt), más, el número de *bits* que codifica diversos datos (xd) de la teoría. (Kolmogorov & Uspenskii, 1987; Rissanen, 1989 y Ballard, 1997).

El MDL neuralmente hablando, es más comprensible desde una óptica hebbiana, considerando que la forma principal de programación es establecida en términos de la modificación de una sinapsis[6]. La trascendencia del MDL aplica para la transformación de la información, por ejemplo en funciones cerebrales superiores especialmente en el caso de la codificación de la imagen. Esto se debe al fortalecimiento sináptico que prevalece tras el *input* de información. Una colección de sinapsis en una red constituye un código que se hace especialmente sensible para generar un ambiente *input*, gozando del mismo patrón de actividad proporcionado por su peso sináptico (*Wij*) (Hinton & Sejnowsky, 2001). De esta manera, un módulo neuronal completo, también constituye otro código que cuantifica lo que percibe del mundo visual y comprime la imagen en formatos más pequeños (Ver Fig. A.1). Por lo tanto, el principio MDL, rige los códigos de auto-organización cerebrales (algorítmicos) generando códigos más compactos. Esto es, comprimir la descripción mínima de cada dato en *bits*, para que al procesarlos se obtenga finalmente, una óptima calidad de información (Ballard, 1997).

La entropía es una entidad física que merece la consideración analítica en la formula A.1. Eso se debe a que el Patrón Fractal Coincidente brinda una aproximación a la comprensión de los modelos neurobiológicos

---

[6] Previsto por Donald Hebb, en *"The Organization of Behavior: A Neuropsychological Theory"*. N.Y. Science Eds, 1949.

de intercambio sináptico. Tomemos como ejemplo, la liberación de neurotransmisores, donde actualmente se desconoce la posición específica de cada partícula liberada desde un paquete cuántico en cada una de las millones de millones de hendiduras sinápticas; a pesar de que la tasa de liberación, si ha sido por lo menos inferida (Katz, 1969, Stevens, 2003).

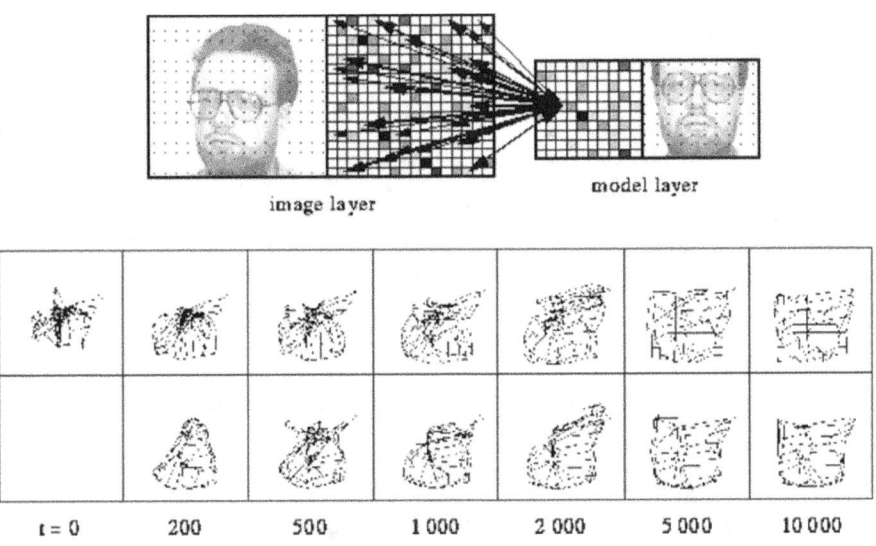

Fig A.1 Codificación de imágenes. A. Las sinapsis de un modelo de 16 neuronas evidencias sus dos tamaños de campos receptivos. Los pesos sinápticos de 16 x 16 y 20 x 20 pueden ser positivos (campos cuadrados claros) y negativos (campos cuadrados oscuros). Cada neurona responderá según el ambiente *input* que cree el campo receptivo. El conjunto de respuestas constituye un código que describe la imagen más sucintamente. Las barras (en rojo) traducen el patrón de disparo individual por neurona (Tomado de Ballard, 1997). **B.** Conectividad y correlatos respecto al tiempo. Las correlaciones se desarrollan mucho más rápido y claras que la conectividad. Ambas son repetidamente refinadas sobre la *impronta* de los códigos comprimidos previamente (A partir de Wiskott & Von der Malsburg, 1996).

Apéndice "A"

Recuérdese que los patrones eigen-vectoriales presentes en la comunicación nerviosa infieren potencialmente en la direccionalidad intencional de una red neuronal, pero dentro de ella, es imposible predecir la intensidad de la información, léase *Wij*, el peso sináptico de la información.

Pese a que, la existencia de actividades electrofisiológicas estereotipadas en regiones clave de comunicación neuronal cuyas intensidades γ oscilan entre 30 y 50 Hz, son evidentes para garantizar sofisticados procesamientos cognitivos (Crick & Koch 2003); existe un cúmulo de procesos restantes que no pueden calcularse sino gracias al concurso de la mecánica cuántica *(q)*, donde la probabilidad p es igual a 1 (p=1), y en la que cada partícula goza inobjetablemente de sus variaciones en *momentum* y exactitud, según la constante de *Planck (h)*, produciendo contiunuamente relativos márgenes de error (Heinseberg, 1932).

$$\Delta p \Delta q \geq \frac{h}{4\pi}$$

Eq. A.3

De lo anterior se desglosa que, las variables dependientes *p* y *q* son canónicamente estipuladas, mientras *h*, y *4 л,* son constantes entrópicamente indeterminadas, que dan sustento al principio de incertidumbre (Heisenberg, 1927).

La entropía por tanto, es apreciada como una medida de indeterminación de los contenidos transinápticos, que transmiten el mensaje. Es ampliamente difundido que existen transferencia de *n* mensajes a diferentes frecuencias (Pi = 1, ... *n*), luego la entropía *h*, se definiría como:

$$h = -\varphi \sum_{i=1}^{} Pi \log Pi$$

Eq. A.4.

Para encausar pragmáticamente ésta definición, regresemos a la consideración binaria de ceros y unos. Los mensajes serán identificados con la minúscula *m* y tendrán a m_1 y m_2 como magnitudes diferenciales, donde $m_1 + m_2 = m$. (Ballard, 1997)

El posible número de mensajes diferentes en esta distribución se explica de modo que:

$$Nm = \binom{m}{m1} = \frac{m!}{m_1! \, m_2!}$$

Eq. A.5

así el procesamiento de la información *(I)*, en el acople de estos mensajes es:

$$Im = \log Nm = \log m! - \log m_1! - \log m_2!$$

Eq. A.6

Entonces, m_1, contendría a 1 y el promedio de información $I = Im/m$ sería obtenido a partir de la división de *m*.

$$-\frac{m_1}{m} \log \frac{m_1}{m} - \frac{m_2}{m} \log \frac{m_2}{m}$$

Eq. A.7

finalmente, se interpreta a *mi/m* como la probabilidad P*i*, que conduce a:

$$I = - \varphi^2 \sum_{i=1} Pi \log Pi$$

Eq. A.8

Y si comparamos con la ecuación A.4; entonces *I*, el procesamiento de la información, puede reemplazarse por *h*. De esta manera la ecuación puede interpretarse como el porcentaje de información a transferir. De ahí, la importancia de comprender la relación entre *bits*, como unidad de transferencia de la información en el campo teórico computacional y también dentro del contexto MDL (Eq. A.2).

$$h = -½ \log ½ - ½ \log ½ = 1$$

Eq. A.9

En otras palabras, un *bit* en la computadora, genera iguales probabilidades, produciendo un *bit* de información (Ballard, 1997).

Lo que en instancias simplistas $h = 1$, o visto de otra manera:

$$0 \leq h \leq \log n$$

Eq. A.10

En términos probabilísticos y bajo la simplicidad binaria antes enunciada; p*i* (Eq. A.4), es una variable probabilística de p^{n+1}, y la igualdad *l*=1 (Eq. A.8), que traduce el peso sináptico de la información equivale a *Wij*, presente en fórmulas elementales y en las clásicas ecuaciones de retropropagación aplicables al procesamiento de la energía mínima (*Cfr.* Eq. A.16 y A.17) (Hinton & Sejnowsky, 1983). El resultado de estas derivaciones son aplicables también a los conceptos de entropía máxima, adaptables a los procesos de eficiencia sináptica.

Los factores enunciados en Eq. A.1 siguen el orden ecuacional presente en las formulaciones probabilísticas *bayesianas*, cuyos componentes tienen tres propiedades básicas: La nominación probabilística, la variable a graficar y el factor entrópico *(h)* (Ballard, 1997).

Apéndice "A"

En la regla de Bayes – también utilizada para analizar modelos de relajación estocástica (Geman & Geman, 1984), y en aplicaciones multidimensionales neuronales codificando la percepción de los objetos (Kersten & Yuille, 2003), o asociadas a las capas profundas del colículo superior – la probabilidad de modelos "$P_{(M)}$", libremente asociados a magnitudes logarítmicas, cumplen con las reglas mínimas del MDL.

$$| L (M | D) | = |L (M)| + |L (D)|, \text{ usando los códigos de M}|$$

Eq. A. 11

y en términos bayesianos:

$$P(M | D) = \frac{P(D|M) \, P(M)}{P(D)}$$

Eq. A. 12

Bajo este precepto y siguiendo dinámicas aleatorias, la p (M |D |L) puede ser incorporada dentro de modelos gaussianos con dos variables, α y β. En este apéndice derivamos en la variable β que identifica solo un estado probabilístico (*Cfr.* Eq. A. 18), con respecto a las variaciones de los estados dependientes de modificaciones termales asociados a la energía mínima).

$$p^{(M)} = \left(\frac{1}{2\pi\beta}\right)^{\frac{w}{2}} e^{-\frac{1}{2\beta}\sum_i \omega_i^2}$$

Eq. A.13

Con ésto, se infiere que la nominación probabilística de la Eq. A.1, obedece a las leyes con que $P_{(M)}$ rige este tipo de formulaciones. Para los teóricos *bayesianos*, esta fracción tiene como resultante un modelo *gaussiano*; sin embargo, aplicando la siguiente ecuación, se perfila para la Eq. A.1 una manera sigmoidal, que se presenta en los modelos de aprendizaje computacional (Ackley *et al*, 1985).

$$Y_j = \frac{1}{1 + e^{-X_j}}$$

Eq. A.14

Un tercer carácter entrópico *(h)*, es también identificado con $e^{-1/2\,\beta\,\varphi_i w2_i}$ y su relación con la interacción sináptica mínima presente en un mensaje *(m)*, acorde a los modelos de retropropagación ya discutidos. Es claro que la calidad de transferencia sináptica proveniente de la primordial *Wij*, guarda una semejanza con el patrón fractal coincidente que estará activado; siempre y cuando haya energía, dado que es termodinámicamente dependiente.

Apéndice "A"

Por tanto, $\female$, en su carácter coincidente aleatorio, es adaptable a la analogía termodinámica que identifica al cubo de *Necker* (ver Figura 11.3), e invariablemente comparte las propiedades de la energía global mínima y de la relajación algorítmica, permitiendo la retropropagación constante y el consecuente aprendizaje mientras exista energía.

Matemáticamente, este tercer elemento puede ser ajustado a la ecuación A.10. Entendiendo la relación de un *bit*, como la unidad elemental de información y al patrón fractal coincidente, como el complejo que concreta el procesamiento conjunto de tal información *(i)*. Por lo tanto,

$$0 \leq h \leq \log n \leq \female.$$

Eq. A.14

En otras palabras, y prácticamente en su grado máximo de reducción aritmética:

$$0 \leq 1.$$

Eq. A.15

Para entender el perfil termodinámico entrópico del patrón fractal coincidente, basta con sustentar sus preceptos operacionales respecto a la temperatura absoluta. De esta forma, la energía mínima se involucra en la ecuación general A.1, así:

$$E = -\tfrac{1}{2} \varphi\varphi\, W_{ij}\, s_i\, s_j - \varphi\, X_i\, s_i$$
$$i \neq j \qquad\qquad i$$

Eq. A.16

Mediante la " simple modificación de John Hopfield "(*Cfr.* Eq. 11.5 y 11.6), basada en el modelo probabilístico sigmoidal de *Boltzmann*, sobre el puente de energía existente entre 0 y 1 (ΔEk) (Hopfield, 1982), se logra:

$$Y = \frac{1}{1 + e^{-\Delta Ek/T}}$$

Eq. A.17

Donde T, es la temperatura absoluta.

Para finalizar con los dos estados comentados previamente.

$$\frac{P_\alpha}{P_\beta} = e^{-(E\alpha - E\beta)/T}$$

Eq. A.18

A.1.2 LA INCIDENCIA VECTORIAL PROBABILÍSTICA Y LA GENERACIÓN DEL *INPUT*.

Desde el punto de vista vectorial, se persigue la direccionalidad de la comunicación sináptica; que de manera objetiva, depende relativamente de la geometría fractal caracterizada en algunas neuronas (Mandelbrott, 1982). Las estirpes cerebelares, en especial las células de Purkině, tienen una rica fractalización. La transferencia de la información en ramificaciones dendríticas muy específicas, requiere de la creación previa de fracciones idóneas para su ingreso, o sea, de ambientes que generen *input*. Los pesos sinápticos que marcan los procesos de transferencia dentro de una red siguen patrones vectoriales cuyo ambiente de *input*, está supeditado a condiciones límite que brindan las leyes de la termodinámica (Hinton & Sejnowsky, 2001). Esto significa que el ensamble completo de vectores ambientales puede ser especificado por patrones probabilísticos ($p+ V\alpha$), que a la postre se traducirán en "unidades visibles", es decir, en la calidad de la información que es obtenida tras el proceso *input-hidden-output* (Hinton, 1992)

Un conjunto organizado de pesos sinápticos provee la composición categórica para que se genere el ambiente idóneo requerido por el *input,* conduciendo de ésta manera la distribución de vectores visibles dentro de una red. Estos deben circular libremente en un espacio probabilístico, lo que identifica a *p+* Vα, el vector que se antoja con perfil coincidental para propagarse independientemente, conjuntar espacios apropiados y concretar *unidades visibles*, que traducen eficiencia sináptica y óptima calidad de la información.

Estas probabilidades de libre circulación vectorial concerniente a los ambientes generadores de *input*, tienen cierta afinidad con el carácter aleatorio del patrón fractal coincidente y con p^{n+1}, descritos en la ecuación A.1. Geoffrey Hinton y Terrence Sejnowsky en su capítulo editado en este milenio, sobre aprendizaje y reaprendizaje en el conocido modelo de "máquina de Boltzmann", identifican a la unidad "G" midiendo las distribuciones espaciales del ambiente generador de *input* y de libre tránsito. De esta forma G, es definida por la ecuación:

$$G = \frac{\varphi \; p + (V\alpha)}{\alpha} \log n \; \frac{p + (V\alpha)}{p - (V\alpha)}$$

Eq. A.19

Describiendo a *p+* (V α), como la parte positiva probabilística cuando sus estados son determinados por un ambiente que genera *input*, e indicando que p − (V α) corresponde a la probabilidad en fase negativa, cuando la red transita libremente sin ambiente de *input* (Hinton & Sejnowsky, 2001). Para efectos didácticos, (p^{n+1}), es la probabilidad de funcionamiento de dos comportamientos neuronales, excitatorio e inhibitorio; que determinan el potencial del mensaje y la cualidad epistemológica neuronal. La probabilidad de activarse de una neurona puede tener perfiles anticipatorios o de ecualización o de simple expectación; comportamientos que son constitutivos de los postulados de la Teoría de la Epistemología Neuronal (Zambrano, 2012).

En este caso, el valor espacial de G, nunca es negativo y es solo cero si y solo sí, los patrones de distribución son idénticos. Si Hinton y Sejnowky utilizan logaritmo base 2, G traduce la distancia en *bits* que recorre el vector desde su espacio de libre circulación hasta el espacio propicio para el ambiente generador de *input.* Su medida no es simétrica cuando se comparan sus dos distribuciones. La anterior premisa, indica que las frecuencias de eventos G, se rigen por cálculo de probabilidades, algunos más a menudo que otros (Ver Box A.1, sobre leyes de probabilidad).

BOX A.1

LEYES DE PROBABILIDAD [*]

Las bases de la teoría de la probabilidad comienzan con la noción de un evento. El evento universal U, es "muy cercano a suceder" y traduce no solo, el perfil epistemológico anticipatorio de algunas neuronas, sino también identifica el valor predictivo de específicas redes distribuidas en áreas corticales y de algunos eventos cognitivos y concienciales que recuerdan la epifenomenología. Algo que está por suceder, es demarcado por un dato asociado al evento, P (A). Estos datos se llaman probabilidades y se rigen por los siguientes axiomas:

1. La probabilidad de un evento es entre cero y uno.
$$0 \leq p(A) \leq 1$$

2. La probabilidad de que un evento sea universal, es uno.
$$p(U) = 1$$

3. Si los eventos A y B, son mutuamente exclusivos, entonces
$$P(A \blacktriangledown B) = P(A) + P(B).$$

El triángulo invertido, indica la disyunción "o". Y el elemento (¬) significa "no".

Apéndice "A", Leyes de Probabilidad

Las relaciones probabilísticas pueden ser interpretadas también mediante diagramas de Venn (Ver Fig. Box. A.1), con las siguientes notaciones:

$$P(A) = P(A,B) + P(A \neg B)$$

$$P(A) + P(\neg A) = 1$$

Y también:

$$P(A) = \sum_{i=1}^{n} P(A, Bi)$$

Donde Bi, es un grupo de eventos mutuamente exclusivos.

Para hacer operacional un cálculo de probabilidades, debe existir la interconexión de vías explicando, que un evento debe estar relacionado con otro. Esto es parte de la noción de la *probabilidad condicional* que A, da a B, expresada como: P (A|B)

Sí A y B, son independientes, entonces la probabilidad condicional es dada por:
$$P(A|B) = P(A)$$

Debe insistirse que la independencia ocasional de dos eventos A y B, es dada por un tercer evento C y es definida como:

$$P(A,B | C) = P(A|C) P(B|C)$$

Dos Eventos A y B

No "A"

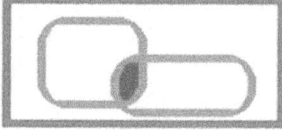
A y B

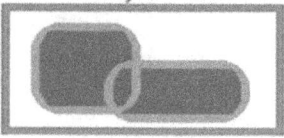
A, o B

Fig. 1. Las ideas fundamentales de la teoría de la probabilidad se pueden comprender desde los diagramas de Venn, donde el cuadrado simboliza la universalidad de todos los eventos por suceder. Los eventos individuales pueden ser descritos de acuerdo a la opción que se presente entre áreas sombreadas y sin sombrear. Si A y B, no se toman; entonces son No A, Ni B. {(*), Extractado de Ballard, 1997}

Ante estas contingencias del cálculo de probabilidades, el patrón fractal coincidente es más flexible, debido a las facilidades que le otorga su condicionante de relatividad infinita y constante, siempre y cuando exista la energía. Como su perfil lo indica, la obligatoriedad epistemológica del $♀$, se limita a variables espaciales y termodinámicas al igual que G, pero además, está ligado a las magnitudes temporales. Eso hace que tal obligatoriedad, entregue resultados contundentes: « *coincidir y hacer coincidir las comunicaciones sinápticas, entre y dentro de redes neuronales para obtener mensajes eficientes con óptima calidad de información* ». En el caso de no cumplir con esta regla fundamental, entonces se enuncia a:

$$\frac{1}{♀} = \text{Patrón Fractal Divergente.}$$

Este patrón de carácter divergente, estaría ligado de modo inversamente proporcional a eventos neurobiológicos de redes neuronales con específica capacidad para generar condiciones de expectación y sincronía (Singer, 2003), presentes en células piramidales del área premotora cortical o en corteza prefrontal (Wang, 2013), especializadas en procesos preatentivos o de alto peso coherencial como los eventos que se generan durante el acople global perceptivo de sensaciones y de la coordinación en general de todos los circuitos (von der Malsburg et al, 2010). Por otro lado, también sería materia de análisis computacional, su aplicación en procesos neurodegenerativos donde la información se disgrega y se pierde la calidad de información a transferir, es decir, no hay unidades visibles y menos existe el ambiente propicio para generar *input*, teniendo un comportamiento semejante a p − (V α).

Cuando una red neuronal transita libremente y en equilibrio (vectores que crean ambiente *input*), la probabilidad de distribución sobre las unidades visibles es explicada matemáticamente por:

$$P^-(V\alpha) = \sum_{\beta} P^-(V\alpha \wedge H\beta) = \frac{\sum_{\beta} e^{-E_{\alpha\beta}/T}}{\sum_{\lambda\mu} e^{-E_{\lambda\mu}/T}}$$

Eq. A.20

V α, es un vector de las unidades visibles, encargadas de generar calidad en la información. H β, es un vector de los estados de transferencia de la información (*Hidden*) y E$_{\alpha\beta}$, es la energía del sistema en estado V α ∧ H β.

El uso de derivadas y despejes algebraicos relacionan unidades clásicas de retropropagación que definen al peso sináptico *Wij* y a un orden booleano binario *Sij* (*Cfr*, Eq. 11.5), determinan el componente matemático de G, enunciado en la Eq. A.19. Luego, para incluir a G, en unidad fundamental de un modelo *input-output* eficiente, se separa *Wij* de $p+$ (Vα), que traduce la probabilidad de distribución fijada sobre las unidades visibles; derivando $\delta G / \delta Wij$ (Hinton & Sejnowsky, 2001).

Ya que $p+$ (V α), marca la generación del ambiente *input*, se obtiene:

$$p+ (H\beta \mid V\alpha) = P^- (H\beta \mid V\alpha)$$

Eq. A.21

La ecuación A.21, sustenta la existencia de una probabilidad *Hidden* (H β) generando un estado idóneo que deba permanecer en equilibrio, para que las unidades visibles que fueron fijadas durante el *input*, transiten libremente hacia el *output*.

Así la transición de la información hasta completar el ciclo *input-hidden-output*, se explica por:

$$P^-(V\alpha \wedge H\beta)\frac{(P^+ V\alpha)}{(P^- V\alpha)} = P^+(V\alpha \wedge H\beta)$$

Junto con la igualdad

$$\sum_\alpha P^+(V\alpha) = 1$$

Derivando nuevamente

$$\frac{\delta G}{\delta W_{ij}} = \frac{1}{T}[P_{ij}^+ - P_{ij}^-]$$

Usando valores booleanos

$$P_{ij}^+ = \sum_{\alpha\beta} P^+(V\alpha \wedge H\beta) S_i^{\alpha\beta} S_j^{\alpha\beta}$$

Y también, reemplazando

$$P_{ij}^- = \sum_{\lambda\mu} P^-(V_\lambda \wedge H_\mu) S_i^{\lambda\mu} S_j^{\lambda\mu}$$

Eq. A.22

El desglose anterior, justifica la evolución de un algoritmo de aprendizaje, que puede calificarse como lento, sobretodo si se aplica a redes neuronales extensas (Hinton & Sejnowsky, 2001), aunque efectivamente, es un valioso punto de apoyo para explicar el sustento operacional del patrón fractal coincidente.

La máquina de Boltzmann, es pues un paradigma algorítmico de aprendizaje, que fundamenta el tránsito *input- output* de modo matemático. Las unidades visibles pueden permanecer en un grupo I, y en un grupo O, así como también generar un ambiente probabilístico P+ (O β | I α). Durante la fase positiva (*p+*), el ambiente fija las unidades *input y output.* Mientras que en (p-), la fase negativa las unidades del *input,* son fijadas al *output* y a las unidades *hidden* de libre tránsito. Por lo tanto la medida de G, evidenciando la distancia entre el ambiente input y la libre circulación hacia el output, en este caso, sería:

$$G = \sum_{\alpha\beta} p^+(I\alpha \wedge O_\beta) \log n \frac{p^+(O_\beta | I\alpha)}{p^-(O_\beta | I\alpha)}$$

En síntesis, el patrón fractal coincidente (♀) es una unidad espacio-temporal aleatoria, que se rige por comportamientos vectoriales existentes dentro del flujo de información intersináptico dependientes de energía mínima y constantes termodinámicas que alcanzan comportamientos entrópicos. Su eficiencia en el manejo y transferencia de la calidad de la información, depende mayormente de las magnitudes temporales que de forma relativa infinita y constante, comprenden epistemas neuronales y proteicos que predeterminan el funcionamiento y *momentum* selectivo intercambiando datos de acuerdo a su comportamiento (Zambrano, 2014 e); ya sea inmersos en una red mini o macrocolumnar o de manera independiente buscando la retroalimentación que garantiza tareas de aprendizaje, así como la ecualización y coherencia neuronal, eventos que resultan esenciales durante la integración de las funciones mentales superiores y para estructurar la traducción neurocognitiva de las percepciones.

A.1.3 CODIFICACIÓN NEURAL DE LA IMAGEN

Aunque existen varios planteamientos que pueden ayudar a entender como las neuronas utilizan las cualidades de convergencia vectorial para traducir las señales visuales en imágenes en fracciones de segundos, se presenta a continuación un modelo algorítmico que ejemplifica la importancia de los valores espacio-temporales en la codificación neurocomputacional del icono.

Algunas fórmulas semejan la regla de Bayes para inferencia inversa, utilizadas para procesar estadísticamente datos del mundo real (Kersten & Yuille, 2003).

$$p(S \mid I) = \frac{p(I \mid S)\, p(S)}{p(I)}$$

Sin embargo, el sistema concebido para ilustrar este paradigma es totalmente independiente y obedece a programas computacionales que son basados en patrones DLM, (por sus siglas en inglés, *Dynamic Link Matching*). Se trata de un modelo que identifica la actividad de hipercolumnas corticales del área visual primaria (V1) y de asociación visual occipitales e inferotemporales AB 18-19, 37 y 39 principalmente. Los objetos a detectar son bidimensionales siguiendo las características de procesamiento neurobiológico seleccionadas. El reconocimiento de la imagen, se basa en los principios de auto-organización cerebral (algorítmicos), semejando conexiones intercolumnares que se observan en los procesos de plasticidad sináptica propios del aprendizaje. Para preservar la fidelidad de los modelos neuronales reconociendo sus puntos de correspondencia específicos para estructurar la imagen, se realizaron modelos topográficos similares a la hexadimensionalidad cortical, codificando conexiones excitatorias e inhibitorias para hacerlo semejante con la operatividad natural del sistema nervioso (Wiskott & Von der Malsburg, 1996).

Las dinámicas iniciales para procesar la imagen, se relacionan con la formación de grupos neuronales o unidades de procesamiento que tienen como misión esencial, transferir la información de calidad, o en otras palabras, integrar unidades visibles que traducen eficiencia y fortalecimiento sináptico tras la retroalimentación de sus unidades.

Estos grupos se constituyen a partir de dinámicas descritas como de cooperación local, activando la generación de *clusters* que contienen paquetes de información; y también por inhibición global donde éstos *clusters* compiten entre sí desorganizando la transferencia de la información (Amari, 1977). Lo que se explicaría por la siguiente ecuación:

$$\dot{h}_i(t) = -h_i + \sum_{i'} (g_{i-i'}\sigma(h_{i'})) - \beta_h \sum_{i'} \sigma(h_{i'})$$

$$g_{i-i'} = \exp\left(-\frac{(i-i')^2}{2\sigma_g^2}\right),$$

Lo más relevante de las ecuaciones arriba enunciadas, es el valor de **h** *i*, que indica el estado interno de las neuronas, el cual es entrópicamente igual a cero. Allí se evalúan dos dimensiones cartesianas que podrían dar una connotación espacial de comunicación a la neurona. Estas neuronas siguen un orden binario donde *i = (0,0), (0,1), ... (1,0), (1,1)....* La actividad neural interpretada según el patrón de disparo, es determinada por σ (*h*) y las neuronas se conectan de manera excitatoria por interacciones *gaussianas* (g). La ingerencia de la inhibición global es controlada por β (*h*), por lo que es posible que un grupo de neuronas pueda igualarse a β (*h*) < g_0 = 1, lo que semejaría la situación como si fuera una sola neurona activa, estableciendo el modelo de ecualización dentro de la red (Tiesinga & Sejnowsky, 2004).

$$\sigma(h) = \begin{cases} 0 & : h \leq 0 \\ \sqrt{h/\rho} & : 0 < h < \rho \\ 1 & : h > \rho \end{cases}$$

El crecimiento infinito de *(h)*, teniendo la misma relatividad entrópica que caracteriza a la Ecuación A.1, es prevenido por − *h*, dado por la autorregulación del disparo neuronal dependiente del oficio de σ (*h*), que es motivado por tres factores: 1) La participación de σ evalúa la supresión de oscilaciones previniendo la aparición de patrones de disparo subumbrales en las neuronas excitatorias especializadas de la corteza. 2) Favorece la estabilización de pequeños grupos que evitan el decaimiento de la actividad neuronal, encargada de encontrar los patrones dinámicos de correspondencia (DLM), que finalmente estructurarán la imagen. Y tercero, hace que las neuronas centrales desplieguen mayor actividad que las periféricas (Wiskott & Von der Malsburg, 1996).

Cuando los grupos neuronales encargados de la captura y transferencia de la información aparecen regulados por sistemas de autoinhibicion (S_i), entonces desarrollan mecanismos de movilización, donde para conseguir la nueva localización y consecuente establecimiento de la información, manejan sus propias constantes de tiempo y de espacio (λ). Esta movilización grupal es definida matemáticamente de la siguiente manera:

$$\dot{h}_i(t) = -h_i + \sum_{i'} (g_{i-i'}\sigma(h_{i'})) - \beta_h \sum_{i'} \sigma(h_{i'}) - \kappa_{hs}s_i,$$

$$\dot{s}_i(t) = \lambda_{\pm}(h_i - s_i).$$

h i, permanece con su valor entrópico, ahora en función del tiempo. En el paréntesis, la aplicación gaussiana al comportamiento de σ que indica la regulación del disparo neuronal y la presencia de mecanismos inhibitorios señalados por β*h*. La autoinhibición en función del tiempo $S_i(t)$, es igual a la constante de decaimiento espacial (λ) que interactúa con valores ya descritos. La velocidad de movilización es controlada por λ + y el parámetro de acoplamiento k^{hs}, en este caso de 1.0. Esto puede cambiar la configuración de la columna neuronal. Pequeños valores como éste, han sido simulados experimentalmente por Cristoph Von Der Malsburg y Laurenz Wiskott del *Institut Für Neuroinformatik*, en la Universidad del Ruhr desde la década pasada, encontrando que por medio de bajos parámetros se puede seguir manteniendo el equilibrio durante la movilización. En contraste, incrementar los valores produce movimiento rápido del grupo neuronal, ocasionando distorsión, como cuando hay movilización en los patrones atentivos cuyo K^{ha} es de 3 (Fig. A.2).

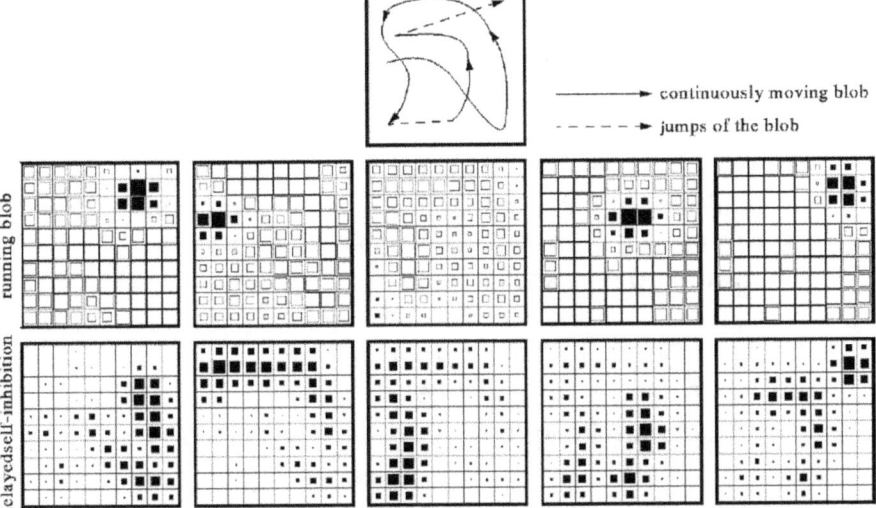

Fig A.2 Cambios durante la movilización de grupos neuronales en la codificación de imágenes. En la fila del medio se ilustra la movilización grupal sobre la capa entera. Su curso se muestra en el diagrama superior. La autoinhibición retrasada es evidenciada en la fila de abajo. En la columna tres, algunas veces el *blob,* o grupo neuronal parece estar en una trampa y no se puede movilizar o separarse del espacio creado por la autoinhibición. (Modificado de Wiskott & Von der Malsburg, 1996)

Tras evitar la trampa de la autoinhibición evidenciada en la figura A.2, el grupo neuronal es atraído por un *input* excitatorio de otra capa neuronal. Cada neurona de una capa está conectada solamente con otra célula en diferente capa, manteniendo la misma actividad oscilante. De esta forma, se presenta la coherencia neuronal intercapas dentro de la corteza, y puede ser eventualmente considerada por:

$$\dot{h}_i^p(t) = -h_i^p + \sum_{i'}(g_{i-i'}\sigma(h_{i'}^p)) - \beta_h \sum_{i'}\sigma(h_{i'}^p) - \kappa_{hs}s_i^p$$
$$+\kappa_{hh}\max_j\left(W_{ij}^{pq}\sigma(h_j^q)\right),$$
$$\dot{s}_i^p(t) = \lambda_\pm(h_i^p - s_i^p).$$

p y q, indican las dos capas neuronales. *W*, equivale al peso sináptico y la interacción mutua de fuerzas es controlada por el parámetro de acoplamiento *Kh* = 1.2.

Un principio básico presente en las dinámicas de correspondencia que reconocen y estructuran imágenes, es que los puntos de unión entre dos capas pueden reorganizarse constantemente. Las correlaciones entre las capas, resultan a partir de la sincronización y coherencia neuronal. Las dinámicas de reconocimiento consisten típicamente en el fortalecimiento sináptico tras procesos algorítmicos, que modifican el peso sináptico de las conexiones y por tanto, optimizan la calidad de la información. La conexión interneuronal y la ecualización en la actividad de disparo (relajación algorítmica) dentro de una red, previene que se induzca un tipo de competencia en la que la hiperactividad de ciertas unidades nerviosas, y de paso, suprima el disparo de otras, traduciendo una forma idónea de sincronía.

Matemáticamente, esto se explicaría así:

$$W_{ij}^{pq}(t_0) = S_{ij}^{pq} = \max\left(S_\phi(\mathcal{J}_i^p, \mathcal{J}_j^q), \alpha_S\right),$$

$$\dot{W}_{ij}^{pq}(t) = \lambda_W \left(\sigma(h_i^p)\sigma(h_j^q) - \Theta\left(\max_{j'}(W_{ij'}^{pq}/S_{ij'}^{pq}) - 1\right)\right) W_{ij}^{pq}.$$

Los pesos sinápticos *(Wij)* crecen exponencialmente (pero restringidos en el intervalo 0,...1), controlados por el correlato de neuronas conectadas entre sí y definidas por el producto de sus actividad .

$$\sigma(h_i^p)\sigma(h_j^q)$$

El porcentaje de aprendizaje es adicionalmente controlado por $\lambda\,W$. Debido a la función de gran influencia ejercida por " θ ", la ecualización de la actividad neuronal tiene lugar solo en los puntos de unión que son identificados por la misma célula con el fin de interactuar con otros espacios sinápticos. Es decir "θ", tiene la responsabilidad de reconocer el punto de correspondencia en las dinámicas que conllevan a la codificación de la imagen.

Finalmente, en las dinámicas de reconocimiento, cada modelo coopera con la imagen dependiendo de su similaridad. Esto hace que las neuronas tengan la opción de compactar y comprimir los datos que son recibidos del entorno visual a manera de *bits*, cumpliendo con el principio MDL, enunciado en la Eq. A.2. Recordemos que la cooperación se traduce en generación de *clusters* con información objetiva.

Así, el modelo de más similaridad "coopera" más exitosamente y es el más activo. La competencia entre neuronas, ha sido didácticamente documentada desde el punto de vista organizacional en varios modelos computacionales (Dayan & Zemel, 1995). Wiskott y Von Der Malsburg, concientes de que las neuronas compiten para encontrar su punto específico de correspondencia ayudadas por la función θ, proponen la siguiente secuencia ecuacional que explica el perfil ganador de las unidades neuronales que evolucionan exitosamente hasta dominar las dinámicas de reconocimiento y ejecutar la integración de la imagen.

$$\dot{h}_i^p(t) = -h_i^p + \sum_{i'} (g_{i-i'}\sigma(h_{i'}^p)) - \beta_h \sum_{i'} \sigma(h_{i'}^p) - \kappa_{hs} s_i^p$$
$$+ \kappa_{hh} \max_j \left(W_{ij}^{pq}\sigma(h_j^q)\right) + \kappa_{ha}\left(\sigma(a_i^p) - \beta_{ac}\right) - \beta_\theta \Theta(r_\theta - r^p),$$

$$\dot{s}_i^p(t) = \lambda_\pm (h_i^p - s_i^p),$$

$$r^p(t_0) = 1,$$
$$\dot{r}^p(t) = \lambda_r r^p \left(F^p - \max_{p'}(r^{p'} F^{p'})\right),$$
$$F^p(t) = \sum_i \sigma(h_i^p).$$

La actividad integral de la conexión por capas, es considerada como una propiedad favorable F^p, diferente para cada modelo p. El patrón evolutivo de la ecuación, o sea cuando la neurona finaliza exitosamente su cometido, puede ser fácilmente analizado si se asume a F^p, como constante de tiempo *(t)* en el reconocimiento de sus variables $r^p = 1$. Para otros modelos de reconocimiento, la ecuación se simplifica a:

$$\dot{r}^p(t) = \lambda_r r^p (F^p - F^{pb})$$

que resulta en una exponencial de decaimiento (en las variables de reconocimiento, r^p). La escala del tiempo en las dinámicas de correspondencia, puede estar controlada por λ r, la constante de espacio que media las actividades del reconocimiento.

Apéndice "A", Codificación Neural de la Imagen

Con los anteriores fases de reconocimiento neuronal, se estructura la imagen y no deja de sorprender, que pese a que se manejan planos bidimensionales, es posible que las neuronas, facilitadas por el concurso de la formula A.1, encuentren la forma algorítmica de traducir otros eventos importantes en el procesamiento de las funciones cerebrales superiores.

$\dot{h}_i^p(t)$, en el modelo de DLM, tiene el valor probabilístico (p), asociado a la generación del factor entrópico h -en función del tiempo (t)- el cual puede desencadenar en la interacción sináptica efectos inhibitorios o excitatorios (n+1). De la misma forma como todas las constantes de espacio λr y las variables de reconocimiento r^p se asumen finalmente como proyecciones vectoriales y β (h) < g_0 = 1, el factor de acoplamiento K^h y σ h, son parte de los elementos que facilitan la coincidencia fractal de $♀/v$ para la codificación de mensajes bajo el orden de la continuidad relativa (r) infinita y constante (∞ . k), siempre y cuando prevalezcan las variables de energía (Δ E).

$$P^{n+1} = t\,(♀/v)^r - \sum_{W_{ij}}^{(\infty\,.\,k)} \;\to\; E$$

(Eq. A.1) = (Eq. 11.1)

A.1.4 APLICACIÓN DE p^{n+1} EN MODELOS COLUMNARES NEURONALES.

La forma como los valores y variables de las anteriores ecuaciones puede ser todavía más didáctica, nos acerca a la comprensión explicita de la conectividad neuronal, y puede traducir su aplicación expresando la dinámica de los modelos columnares. La neurona por sí sola no puede realizar las complejas tareas de procesamiento sensoriomotor y cognitivo del sistema nervioso y para eso necesita de adaptarse al funcionamiento de conjuntos neuronales dispuestos de manera mini o macrocolumnar.

Ejemplificando a manera de paradigma conexionista, una minicolumna puede ser constituida por neuronas excitatorias las cuales se conectan entre sí de manera aleatoria (*vide supra*). Cumpliendo con las perspectivas del procesamiento complejo, una neurona excitatoria también puede ser modelada bajo los preceptos clásicos de refractariedad (Mc Culloch & Pitts, 1943; Lücke & Von der Malsburg, 2004).

Las dinámicas neuronales de la minicolumna (m), demostradas matemáticamente son descritas por el siguiente tipo de ecuaciones ($i = 1, ..., m$):

Eq. A.*I*

$$n_i(t+1) = \mathcal{H}(\sum_{j=1}^{m} T_{ij} n_j(t) - \Theta) \cdot \underbrace{\mathcal{H}(1 - n_i(t))}_{Refracción}, \quad \mathcal{H}(x) := \begin{cases} 0 & \text{if } x \leq 0 \\ 1 & \text{if } x > 0 \end{cases}$$

Para la interconexión T*ij*, se asume que cada neurona recibe S sinapsis de otras neuronas de la minicolumna, donde las demás dendritas y axones tienen conexiones *random*, como opción natural de probabilidades de comunicación intersináptica *1/m*. Las dinámicas de la ecuación A.*I*, son dadas por la probabilidad en función del tiempo *p (t)*. Esta *p* depende primeramente, del número de *inputs* recibido; y segundo, de la probabilidad que la neurona fuese activada en un tiempo precedente, en referencia al momento refractario existente en el modelo neuronal descrito originalmente por Warren Mc Culloch y Walter Pitts.

Debido a la interconexión de T*ij*, la probabilidad f_{bn} *(x)* para recibir *inputs* de neuronas presinápticas se da por la distribución binomial:

Eq. A.*II*

$$f_{bn}(x) = \binom{s}{x} p^x (1-p)^{s-x}$$

Donde S >> 1 y esta distribución puede ser aproximada por probabilidades *gaussianas*, según el teorema de *Moivre-Laplace*, a la siguiente fórmula.

Eq. A.*III*

$$f_g(x) = \frac{1}{\sqrt{2\pi}\,\sigma} e^{-\frac{1}{2}\left(\frac{x-a}{\sigma}\right)^2},\ a = sp,\ \sigma = \sqrt{sp(1-p)}.$$

Para las dinámicas de T*ij*, la probabilidad de activación de una neurona con respecto al tiempo *p(t+1)*, se aproxima al producto de la probabilidad *pA (t+1)*, que recibe suficiente *input* del umbral de una neurona no refractaria *pB (t+1)*. Usando el siguiente desglose, hallamos un límite $s \to \infty$ (Lucke & Von Der Malsburg, 2004):

Eq. A.*IV*

$$\begin{aligned}
p(t+1) &= p_A(t+1)\, p_B(t+1)\\
&= \int_{s\Theta}^{\infty} f_g(x)\, dx\, (1-p(t))\\
&= \int_{s\Theta}^{\infty} \frac{1}{\sqrt{2\pi}\,\sigma} e^{-\frac{1}{2}\left(\frac{x-a}{\sigma}\right)^2} dx\, (1-p(t)),\ a{=}sp(t),\ \sigma{=}\sqrt{sp(t)(1-p(t))}\\
&= \frac{1}{\sqrt{2\pi}} \int_{-\infty}^{\frac{a-s\Theta}{\sigma}} e^{-\frac{1}{2}x^2} dx\, (1-p(t))
\end{aligned}$$

y luego:

Eq. A.*V*

$$\Phi_s\left(\frac{p(t)-\Theta}{\sqrt{p(t)(1-p(t))}}\right)(1-p(t)),\ \Phi_s(x) = \frac{1}{\sqrt{2\pi}} \int_{-\infty}^{\sqrt{s}\,x} e^{-\frac{1}{2}y^2} dy.$$

Apéndice "A", Aplicación de P^{n+1}

Estableciendo la igualdad

$$\Phi_s(x) = \frac{1}{\sqrt{2\pi}} \int_{-\infty}^{\sqrt{s}x} e^{-\frac{1}{2}y^2} dy.$$

Es la integral del error *gaussiano* regido por **s**. En contraste, la retroalimentación inhibitoria $I(t)$ de la actividad minicolumnar es representada indirectamente por el umbral θ, que puede traducir el ejemplo neurobiológico que se aprecia en la actividad de las células *double-bouquet* o bipenachadas (De Felipe *et al*, 1990). Las neuronas inhibitorias reciben *input* de las neuronas excitatorias de la minicolumna. Para representar linealmente esta sobreactividad, la descripción matemática es:

Eq. A. *VI*

$$\Theta = \nu \frac{1}{m} \sum_{i=1}^{m} n_i(t) + \Theta_o = \nu p(t) + \Theta_o.$$

Donde $I(t)$, representa el máximo de sobreactividad en las minicolumnas *(m)*.

Eq. A. *VII*

$$p_\beta = \frac{1}{m} \sum_{i=1}^{m} n_i^\beta(t)$$

Esta "operación máxima", que infiere actividad vectorial, se asume para implementar el sistema de retroalimentación en neuronas inhibitorias $I(t)$ en la macrocolumna.

Eq. A.*VIII*

$$\mathcal{I}(t) \;=\; \nu \max_{\beta=1,\ldots,k} \{p_\beta(t)\}$$

Para proceder al análisis de estabilidad matemático-computacional de un modelo neuronal en la relación micro y macrocolumnar (que tiene actividades inhibitoria y excitatoria, de la misma forma que p^{n+1}), se requiere de un procesamiento ecuacional un poco más complejo. Dicha estabilidad puede lograrse -independientemente de la fórmula A.1-, con abordajes hebbianos dado el patrón de retroalimentación *I (t)* y valiéndose de la contribución simétrica *eigen-vectorial* expresada en el orden de matrices jacobianas (Lücke & Von der Malsburg, 2004).

Los sistemas que modifican modelos sinápticos hebbianos son fundamentales para entender el sustento de los mecanismos de retropropagación; estos son apoyados por la cualidad inhibitoria de específicas células corticales cuyos patrones no lineales de comportamiento han sido evidenciados en corteza somatosensorial (Lao *et al*, 2001) y que requieren de la implementación de modelos matemáticos, guardando similitud con el de "operación máxima" descrito en la ecuación A.*VIII* (Yu *et al*, 2002; Lücke &Von der Malsburg, 2004).

Apéndice "A", Aplicación de P^{n+1}

En este caso y situándonos solamente en la concreción de p^{n+1}, -la probabilidad que identifica dos estados mecánico-estadísticos en la T.E.N-, expresamos sus dinámicas integrales probabilísticas así:

Eq. A. *IX*

$$p^{n+1} = p \int_n^{+1} \genfrac{}{}{0pt}{}{\underset{\beta_1}{\overset{\alpha_1}{\rightleftharpoons}}}{\underset{\beta_n}{\overset{\alpha_n}{\rightleftharpoons}}}$$

Donde α y β, no solo representan la traducción operacional de n + 1, sino que β indica una forma de operación máxima (β = 1,...., *k*) y α un estado basal o de expectancia neuronal que se presenta en los estados de sincronía y acoplamiento neuronal colectivo (Singer, 2003; Tiesinga & Sejnowsky, 2004; Hayworth, 2012).

Apoyándose en el factor constante *k*, de v max en la ecuación A.*VIII*, encontramos varias similitudes con la fórmula A.1. La operatividad máxima expresada en el análisis de estabilidad y plasticidad hebbiana en mini y macrocolumnas corticales de Jörg Lücke y Cristoph Von Der Malsburg, parte desde la consideración probabilística en función del tiempo [$p(t+1)$]. Cuando se trata de integrar las dinámicas de correspondencia (Figs. A.1 y A.2), para ejecutar la traducción de una función de alto comando como la codificación de imágenes, o también, para explicar operacionalmente la interacción covariante-contravariante (*Cov~Cotv*) presente en la tensorialidad que determina la integración sensoriomotora (*Cfr*. Módulo 39); se debe considerar a p^{n+1} (t) ante la contingencia de la coincidencia vectorial ($♀/v$) existente - entre y dentro de mini y macrocolumnas -, cuya obligatoriedad fractal, con base en la operatividad máxima de sus vectores (v_{max}, $β=1......, k$); recurre a los valores relativos (r) infinitos y constantes ($∞.k$) expresados desde A.*IV*.

Por todo lo anterior, la ecuación A.1.

$$p^{n+1} = t(♀/v)^{r\,(∞.k)} \rightarrow \Delta E.$$

debe asumirse como una alternativa operacional máxima que requiere de implementaciones matemáticas y ajustes probabilísticos *a posteriori* ya sean gaussianos como en A.*III* o de otra modalidad (según sea el caso de su aplicación), para ejercer su funcionalidad en modelos de retropropagación algorítmica, o siendo utilizada para discernir en procesos de interacción propios del fortalecimiento sináptico de índole hebbiano; o en su defecto, coincidiendo en dinámicas conexionistas entre diversos tipos de neuronas con actividad excitatoria o inhibitoria presente en las interacciones mini y macrocolumnares.

LECTURAS RECOMENDADAS

Ackley D, Hinton GE & Sejnowsky TJ (1985) A learning algorithm for Boltzmann machines. Cogn. Science 9:147-69.

Amari S (1977). Dynamics of pattern formation in lateral-inhibition type neural fields. *Biological Cybernetics,* 27:77-87. Cit In. Wiskott & Von Der Malsburg, 1996.

Ballard DH (1997) An introduction to natural computation. MIT press.

Dayan P & Zemel RS (1995) Competition and multiple cause models. Neural Computation, 7:565 – 579.

DeFelipe, J., Hendry, S. H. C., Hashikawa, T., Molinari, M. & Jones, E. G. (1990) A microcolumnar structure of monkey cerebral cortex revealed by immunocytochemical studies of double bouquet cell axons. *Neuroscience,* 37:655 – 673.

Geman S & Geman D (1984) Stochastic Relaxation, Gibbs distributions and the bayesian restoration of images. IEEE Transactions of pattern analysis and machine intelligence, 6, 721-741. CIT in: Hinton & Sejnowsky, 2001.

Hinton G & Sejnowsky T (1983) Optimal Perceptual Inference, Proceedings of the IEEE. Computer Society Press. Silver Spring Md.

Hayworth KJ (2012). Dynamically partitionable autoassociative networks as a solution to the neural binding problem. Front Comput Neurosci. Sep 28; 6:73.

Hinton GE & Sejnowsky TJ (2001) Learning and Relearning in Boltzmann Machines. IN: Sejnowsky TJ & Jordan MI. Graphical models, foundations of neural computation. A Bradford Book. 2001.

Hopfield JJ (1982) Neural Networks and physical systems with emergent collective computational abilities. Proc. Natl. Acad. Sci. USA. 79:2554-2558.

Katz B. (1969). The release of neural transmitter substances . Thomas Ed. Springfield, Illinois.

Kersten D & Yuille A (2003) Bayesian Models of object perception. Curr. Op. Neurobiol. 13:150-58

Bibliografía Apéndice "A"

Kolmogorov AN & Uspenskii VA (1987) "Algorithms and randomness" Theory of probabilistics and its applications. 32-33: 425-55.

Lao, R., Favorov, O. V., and Lu, J. P. (2001). Nonlinear dynamical properties of a somatosensory cortical model. *Information Science*, 132:53 – 66.

Lücke J & Von Der Malsburg (2004) Rapid Processing and Unsupervised Learning in a Model of the Cortical Macrocolumn. Neural Computation, *16(3), 501 – 533*

Mandelbrot B (1982) The fractal geometry of nature. San Francisco : W. H. Freeman, ed.

Mandelbrot B. B. (1989) Fractal Geometry: What is it, and What Does it do? *Proc. Roy. Soc. London. A, Mathematical and Physical Sciences*, (423) 1864: 3-16

Mc Culloch WS & Pitts WH (1943) A logical calculus of the ideas immanent in nervous activity. Bull. Math. Biophys. 5:115-123.

Rissanen J. (1989) *Stochastic Complexity in Stastistical Inquiriy*. Teaneck, NJ, World Scientific.

Singer W (2003) Synchronization, Binding and Expectancy. IN: Arbib MA. The Handbook of Brain Theory and Neural Networks. MIT Press.

Sporns O, Tononi G, Edelman GM.(2002) Theoretical neuroanatomy and the connectivity of the cerebral cortex. Behav Brain Res. 135:69-74.

Sporns O (2006). Small-world connectivity, motif composition, and complexity of fractal neuronal connections. Biosystems. 85(1):55-64.

Stevens C.F. (2003). Neurotransmitter release at central synapses. Neuron. 40:381-88.

Von der Malsburg C, Phillips WA & Singer W (2010) Dynamic Coordination in the Brain: From Neurons to Mind. Strungman Forum Reports, MIT Press.

Wang XJ (2013) The prefrontal cortex as a quintessential "cognitive-type" neural circuit: working memory and decision making. In: Principles of frontal lobe function, Second edition (Stuss DT, Knight RT, eds), pp. 226-248. Oxford University Press, NY.

Wiskott L & Von Der Malsburg C. (1996) Face Recognition by Dynamic Link Matching", In J. Sirosh, R. Miikkulainen, and Y. Choe, editors, *Lateral Interactions in the Cortex : Structure and Function* . UTCS Neural Networks Research Group, Austin, TX.

Yu, A. J., Giese, M. A., and Poggio, T. A. (2002). Biophysiologically plausible implementations of the maximum operation. *Neural Computation*, 14:2857–2881.

A.2 SUB~APENDICE CUÁNTICO

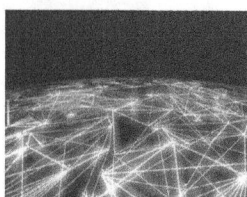

Palabras Clave: Geometría No Conmutativa, D~Brana, Estados Perturbativos, Dualidad T, Deconstrucción espacio-temporal.

A.2.1. CARACTERES CUANTICOS ENTRE LA VECTORIALIDAD DE LA COMUNICACIÓN NERVIOSA Y SU CONCEPCIÓN MULTIDIMENSIONAL: LA ANALOGÍA CON EL MODELO DE LAS SUPERCUERDAS

Un menester de la neuroepistemología, es concebir la estructuración de la conciencia en diferentes planos (Zambrano, 2012), los que incluyen sus diversos grados clínicos y las evidencias neurocientíficas que gravan la trascendentalidad del asunto. Sus caracteres la distinguen, no solo en su concepción de existencia filosófica sino también, en las formas como los investigadores se esmeran constantemente en intentar abordarla, tratando de encontrar la clave para accesar a sus múltiples acertijos y en general, con todos los relacionados con el procesamiento de alto orden cerebral.

En un contexto científico, se ha descrito como el notable geómetra Bernhard Riemann (1826-1866), al referirse a dimensiones superiores consideraba que: «*El tiempo por algún medio, podría transformarse en espacio*», introduciendo además un concepto dialéctico: «*el átomo material es el "input" o vía de entrada de la cuarta dimensión en el espacio tridimensional*»; sustentado por el principio lógico en el que las leyes de un universo determinado, son el reflejo de las tensiones superficiales de un universo superior (Ouspensky, 1911). O, en otras palabras; la escencia particular, es tan solo, la parte de un todo.

B. Riemann. modificador de las teorías geométrico-dimensionales que luego sustentarían la espacio-temporalidad de la teoría de la relatividad.

En cuanto al pensamiento humano y la generación del intelecto, éstas argumentaciones resultan algo primitivas, pese a que la buena observancia de los recursos catedráticos suelen recurrir a la solidez de las ciencias físicas para sustentar tesis que fundamenten los diversos estadíos de los comportamientos intelectuales.

Apoyados en los procesos de consolidación de la física cuántica, a partir de las tempranas y laboriosas ecuaciones relativistas de James C. Maxwell en 1864, sustentadas en principios electromagnéticos y las posteriores contribuciones Max Planck, más las tesis Einsteinianas sobre la relatividad del tiempo con enfoques espaciales hace un siglo, es claro, que para entender los procesos neuronales en un plano más analítico; deben considerarse los espacios mínimos que se dan en la comunicación intersináptica y sus implicaciones en el comportamiento humano.

El ser, como ente neurobiológico y conciencial, refleja limitaciones para percibir el ya descrito "escenario tetradimensional" y sólo el cerebro y algunos estados alterados de la conciencia (EAC), -mediante el disparo coherente de ciertas redes neuronales límbicas y mesolímbico-corticales y la consecuente participación de neurotransmisores- pueden alcanzar la concepción holística de altos grados de experimentación conciencial, independientemente de éstas dos magnitudes fundamentales.

Hacia 1908, el insigne Herman Minkowsky, apoyado en la incipiente tesis de mecánica cuántica con la que Albert Einstein sacudía al mundo de la física[7]; manifestaba los

---

[7] En sus reconocidas publicaciones de *"Annalen Der Physik"* fechadas en 1905, A. Einstein, emite los fundamentos de su tesis «Sobre la Relatividad Restringida» que aportan nuevas perspectivas de la física cuántica, manifestada inicialmente por Max Planck. En *«Über einen die erzeugung und verwandlung des lichtes betreffenden heuristischen gesichtspunkt»* "Un punto de vista heurístico sobre la creación y absorción de la luz" (Ann. Phys. Leipzig, 14:132-148, de marzo de 1905), inicia el planteamiento teórico para desarrollar posteriormente la más famosa de sus ecuaciones, incluyendo la masa, la energía y el comportamiento relativo de las partículas fotónicas en el espacio, apenas inferida muy sutilmente en su perspicaz cuestionamiento de sólo tres páginas, publicado en Ann. Phys.

fundamentos de la tetradimensionalidad (tres dimensiones espaciales más el tiempo, en un solo concepto espaciotemporal); infiriendo que el tiempo - aunque geométricamente es plano, como bien advertía Riemann - se comporta como una coordenada espacial, pero con valores enclavados en el conjunto de los números imaginarios.

Ya con el fortalecimiento de la teoría de la Relatividad General de Einstein, propuesta unos años más tarde, el espacio y tiempo absolutos de Sir Isaac Newton en la concepción de la física clásica dejó de ver a la unidad espacio-temporal de Minkowsky como un conjunto meramente pasivo y adquirió los visos mecánicos; utilizando ahora sus mismas magnitudes gravitacionales pero combinándolas con variables dinámicas como las de la velocidad de la luz (c) que sustentan el principio de la «Geometría No Conmutativa» o lo que en el siglo XIX, se conocía como la "Geometría de los espacios con curvatura".

Dado que el efecto de la gravitación equivale a la curvatura espacio-temporal planteada por Minkowsky, es allí donde los espacios difieren de la clásica geometría euclidiana. El mundo físico "X-Y-Z" de la esfera aparece curvilíneo-redondeado (pese a verlo

---

Lepipzig de septiembre 27 del mismo año. Einstein A (1905) *Ist die Trägheit eines Körpers von seinem Energieinhalt abhängig?* Annalen der Physik 18, 639-42.

someramente en dos dimensiones), y así lo apreciamos en un espacio de "dimensiones superiores." Fue el mismo Einstein, quien fulminó a los físicos incrédulos con la demostración que la «curvatura espacio-temporal» dependía de las masas materiales y la energía, con otra sencilla ecuación:

$C = G \times E$ {donde C, es la Curvatura espacio-temporal, siendo igual a las fuerzas gravitacionales (G), ejercidas en las masas que son modificadas por la distribución de la energía (E)} (Einstein, 1916, Fernández-Barbón, 2005).

Bajo el precepto cuántico que la velocidad de una magnitud fotónica controla la unidad espacio-tiempo en el mundo de la relatividad, se dieron nuevas aportaciones en las primeras tres décadas del siglo XX. Entre ellas, el principio de incertidumbre de Heisenberg, íntimamente ligado a la constante universal de Planck (h), definiendo el comportamiento de la materia a escala atómica que representa la acción mínima posible, reflejada en un tipo especializado de función neuronal, descrito en los postulados de la teoría de la epistemología neuronal (ver Módulos 39 y 40).

A este respecto, se debe recordar que todas las partículas –en un mundo cuántico- definen sus propias trayectorias de forma independiente. Es decir, de manera aleatoria y caótica siguen vectores simultáneamente en todas direcciones.

El principio de incertidumbre por Heisenberg, por tanto, es el causante de uno de los perfiles que más identifican las características de la geometría de los espacios con curvatura y obedece a las variaciones en los vectores espacio y tiempo que determinan el denominado: «grado de fluctuación de la trayectorias».

El índice de movimiento de la interacción neuronal (In), en el que confluyen todas las trayectorias, es en rigor, un promedio de la gama de posibilidades que convergen en el patrón fractal coincidente (♀), cada uno con un peso sináptico específico, que por supuesto se refleja en los grados de fluctuación vectorial. Debido a que el principio de incertidumbre propone: que al definir una trayectoria con exactitud, se debe especificar la posición de la partícula y su consecuente velocidad, evento que es imposible de identificar puntualmente (Heinsenberg, 1927), la importancia del (♀); es fundamental en la determinación de un vector cuya incidencia es temporalmente dependiente.

En el Módulo 39 de este libro, se refieren los modelos de matrices, para entender la multidimensionalidad de las conexiones neuronales que identifican la integración sensorio-motora, explicados bajo la ecuación transformada de regresiones vectoriales, también llamada pseudoinversa de *Penrose-Moore* (Albert, 1972), utilizada para describir las geometrías metaorganizacionales de ciertas estructuras cerebelares. Por tanto, la posición y velocidad, en este caso relacionado con el principio de incertidumbre, se convierten matemáticamente en matrices. Si consideramos, que la ley conmutativa de la aritmética clásica se resume en que «el orden de los factores no altera el producto", es sabido que, una matriz por definición y su capacidad de combinación: "sí altera el producto", por lo que el concepto de la curvatura espacio-tiempo, es también comprendida como «Geometría no conmutativa», lo que explica que en mecánica cuántica, no se permite la conmutatividad de las partículas (Connes A, 1990).

Empero, en una directriz operacional, estas relaciones que identifican el principio de incertidumbre, son siempre ciertas en el espacio cuántico de la relatividad. De esta manera las trayectorias fluctuantes de una sola partícula, para el caso de la liberación de neurotransmisores, ejemplifican caóticamente un acelerador de partículas de muy baja energía, donde - en el plano relativista - existiría una cascada repetitiva de procesos de aniquilación, recepción o de recaptura de moléculas, en este caso, dependientes de un sistema energético transináptico.

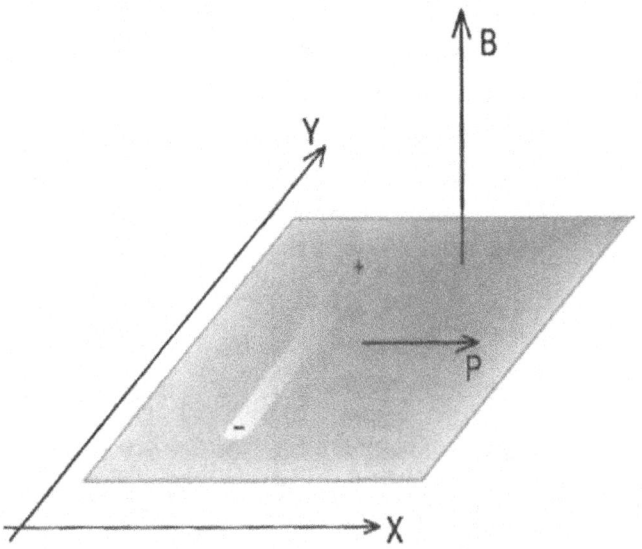

Fig. A.3 Modelo que permite la graficación intuitiva de la geometría no conmutativa de Connes. El dipolo marcado con cargas opuestas (+) y (–) en sus extremos ilustra una supercuerda abierta rígida, que se propaga en un campo magnético B, cuyas variables incluyen, la constante universal de Planck y la velocidad de la luz. Si el dipolo con cargas opuestas se mueve con un impulso P en una dirección X, la fuerza magnética tiende a separar las cargas equilibrando la atracción eléctrica, mientras que Lp, representa la longitud de equilibrio respecto a las magnitudes de Planck. (Ver Fig. A.4) Modificado de Fernández-Barbón, 2005.

Si este fuese el caso, en donde los factores gravitacionales desplegaran cierta influencia en los procesos de comunicación nerviosa, que es sabido, son llevados por exocitosis presináptica en paquetes cuánticos;

la aplicación directa de las reglas fundamentales de la física cuántica a las teorías de Einstein, exhibirían ciertas inconsistencias. Este entonces, es el principio que orilló a Edward Witten y John H Schwarz entre otros, a formular teorías cuánticas de las ondas gravitacionales, cuyo mayor rasgo es el carácter vibrátil de ciertas estructuras geométricas espacio-temporales que son semejantes a las que se presentan en la física de ondas electromagnéticas, conocidas como las "supercuerdas" (Green, Schwarz & Witten, 1987).

Estas ondas vibrátiles en su configuración electromagnética, representan la coherencia de un partícula fotónica interaccionando dentro de un conjunto de fotones; mientras que, buscando una analogía del fotón, en el ámbito gravitacional, esta unidad es conocida como *gravitón*. Por tanto el gravitón es la unidad representativa de las fuerzas gravitacionales (G), presente en las estructuras de la geometría no conmutativa relativa a la espacio-temporalidad cuántica. Aunque algunos expertos sugieren que el gravitón no es una partícula fundamental, sino que es sólo, una parte en la escala de distancias dependiente de la intensidad presente íntrinsecamente en las fuerzas gravitacionales, revelándose muy cercano a la escala longitudinal de Planck (Lp), (una ecuación que contiene las tres magnitudes fundamentales de la física cuántica (G, *h* y c)[8] y que equivale a 10^{-33} cm, espacios muy pequeños que podrían estar presentes durante la exocitosis interneuronal.

El tema, de hecho, resulta emocionante y en el campo de la física actual, es una necesidad preponderante, sustentar irreductiblemente una teoría de la gravitación cuántica. Su inminente objetivo, tiende a fundamentar los grandes eventos macrofísicos, y sustancialmente, los relacionados con el entorno de pequeñas moléculas y de las llamadas partículas fundamentales, donde la escencia quark-leptoniana resultó ser causal inequívoco de premiación Nobel (Murray Gell-mann, 1969), dando paso al análisis posterior de mínimas unidades ultrasimétricas como los prequarks, o las llamadas supercuerdas, convirtiéndose en uno de los pivotes favoritos para abordar tan atractivo paradigma. Estas cuerdas de magnitudes infinitesimales, cuya principal cualidad es la de tener un comportamiento vibrátil - perturbativo o de considerable excitación, con energía constante - justifican la interacción total entre todas las partículas subatómicas. Existen dos tipos de cuerdas:

---

[8] $Lp = \sqrt{G h /c^3}$ Donde, G, es un factor que multiplica a la constante de Planck, $h = 6.6261 \times 10^{-34}$ ^{Jseg} y su producto es dividido entre la velocidad de la luz (c) (300 mil km/seg) al cubo.

Sub-Apéndice Cuántico

las anilladas o cerradas que explican la gravitación y las abiertas, con extremos libres y cuyos tensores; ilustran la dinámica fotónica y las diversas interacciones con el electromagnetismo.

La cuerda cerrada, es la única explicación acreditada para entender un modelo contemporáneamente didáctico del gravitón, que sirve para explicar no solo, las cuatro dimensiones espacio-tiempo que justificaban la existencia de la física cuántica del siglo pasado, sino de la probabilidad de once dimensiones del universo físico (Scherk & Schwarz, 1974 y Greene, 1999).

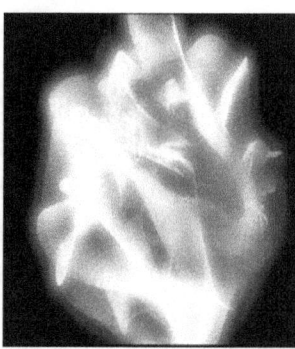

Calabi-Yau, el modelo de Brian Greene para explicar las once facetas multidimensionales del universo.

En contraste, los extremos de las cuerdas abiertas, pueden propagarse en dimensiones variables, teniendo entre sí, regiones de correspondencia con *«común unión»*, en donde las cuerdas se enganchan. A estas entidades -no puntuales, sino arbitrariamente extendidas- cuya función unión-enganche es motivo de concienzudos estudios, los físicos expertos en supersimetría, han llamado "D-Branas" (defectos estructurales de carácter vibrátil en el espacio-tiempo, que semejan *"membranas de dimensión extensible"*, uni, bi o multivectorial).

Hacia una Nueva Concepción en el Procesamiento Neuronal

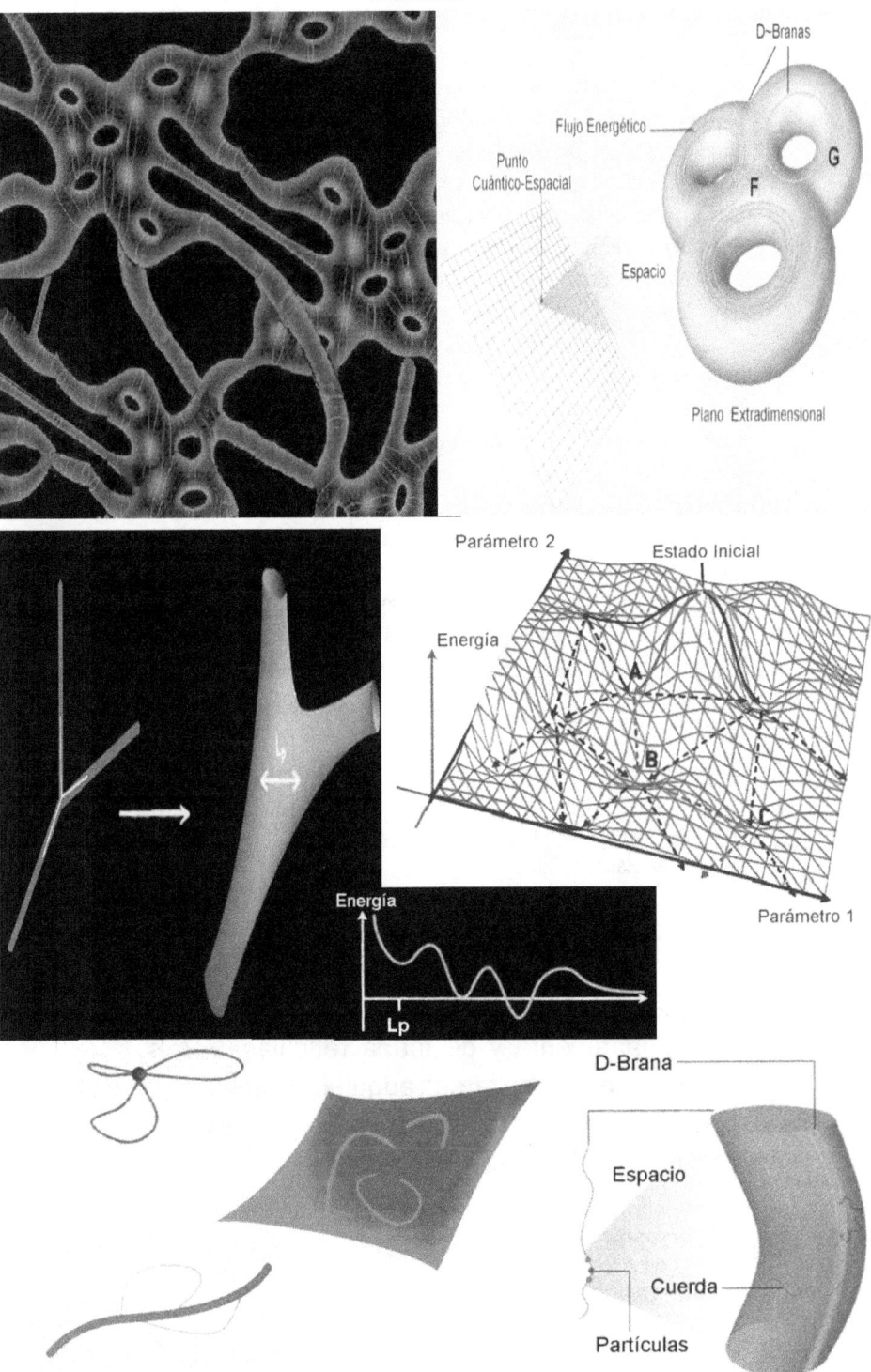

Sub-Apéndice Cuántico

Fig. A.4 Múltiples formas de interacción entre las supercuerdas. 1. Nótese la disposición multidimensional que el acople reticular de cuerdas cerradas y abiertas puede ofrecer, revelando distorsión y deformación de interesante complejidad. Las cuerdas abiertas, en su independencia pueden llegar a formar una cuerda cerrada, y en contraste, fraccionarse para dar lugar a una cuerda abierta. Igualmente se ilustra la intersección transdimensional de cuerdas y ocasionar una subdivisión de supercuerdas de menor calibre. Una cuerda cerrada también puede entroncar unidades abiertas, adquiriendo como resultante nuevas d-branas, con energía modificada. Así como también una cuerda abierta puede engancharse dando origen a una cuerda cerrada distorsionada o alargarse para semejar cintas de Moebius. **2** La distribución en la teoría de cuerdas, respeta la misma alineación del patrón fractal (flecha interna blanca) guardando una relativa similitud geométrica con las terminales nerviosas. Obsérvense las diversas interacciones que son distribuidas en una región finita del espacio-tiempo, con una extensión del orden de la longitud de Planck (Lp). En fondo blanco, varios ejemplos de D-Branas, tanto abiertas (fotón, F) como cerradas (gravitón. G). En el parámetro tridimensional se aprecian los grados de energía mínima y fluctuante. Regiones azules traducen energía cero y la línea ondulada indica variación cuántica. Modificado de Bousso & Polchinsky 2004 y Fernández Barbón, 2005.

Para ellos, el "todo universal" goza de un complejo infinito de D-Branas dispuestas escalonadamente y de forma reticular (Banks, 2004), que al trenzarse: adquieren una nueva conformación, renunciado a ser "defectos estructurales" para convertirse en pilares construccionales de las once dimensiones del espacio~tiempo...

Las D-Branas o Membranas Dirichlet, (regidas por las condiciones límite de Newmann-Dirichlet, en honor al matemático franco-alemán J.P.G Lejeune Dirichlet, profesor de B. Riemann), pueden ser (1) fundamentalmente vibrátiles y (2) también solitónicas percibidas a baja energía[9].

Estas cuerdas con función de tensor proyectivo (p) se identifican como P-branas entre las que se encuentran solitones bidimensionales como la M2–brana o supermembrana y solitones pentadimensionales, como la M5-brana. Un tercer tipo de D-branas, exhiben los dos anteriores comportamientos, manifestando proyecciones (p) en forma multidimensional, siguiendo los cánones de los tensores espacio-proyectivos riemannianos. A ellas se les conoce como D~P-Branas, son mediadas por un tipo de dualidad "T" y pueden ser estables o inestables. (Townsend, 1997 y Schwarz, 1998).

---

[9] Algunos científicos como Andrew Strominger, P.K. Townsend o Joseph Polchinsky, adaptan a esta teoría, un comportamiento físico -no lineal- denominado *«soliton»*, reconociendo una onda de carácter simétrico, de sensible umbral excitable, vibrátil o de gran perturbación; propagada en forma multidimensional a energía constante y con capacidad de regeneración, presente en diversos tipos de branas. IN: Townsend, P. K. (1996) "Four Lectures on M Theory," hep-th/9612121.

Sub-Apéndice Cuántico

Este paradigma del ensamble reticular de entes microfísicos transdimensionales nos acerca entonces a la supersimetría que debe existir entre partículas fundamentales asociadas a las fuerzas gravitacionales y electromagnéticas (gravitón y fotón, respectivamente); así como a las subpartículas asociadas a la materia como quarks, electrones, neutrinos fermiones, bosones, etc. Por tanto, estas cuerdas tienen la función elemental, de interaccionar "muy sutilmente" en el acople de partículas subatómicas a distancias ultracortas, que evidentemente existen en el momento espacio-tiempo exocítico transináptico y aún más en las fuerzas de atracción presentes en la interacción proteína~proteína que son obligatorias para generar el proceso de liberación presináptico (Sudhof, 2013, Zambrano, 2014 F).

La configuración microscópica de un sistema infinito de D-Branas, codifica la estructura del espacio tiempo que aparece a grandes distancias, al igual que el mismo *kontinuum*, que sirvió a Albert Einstein, para justificar su teoría general de la relatividad (Fernández-Barbón 2005). Cuando un número inmenso de D-Branas vibrátiles, exclusivas de las cuerdas abiertas, alcanzan un hipergrado de excitación sobre su estado de energía mínima (Em); se convierten -según predicciones de Jacob D. Bekenstein y Stephen Hawking- en agujeros negros (Strominger & Vafa, 1996).

La similitud de la fenomenología astrofísica con la analogía de la estocástica sináptica, podría explicar los índices de desviación estándar y el escasísimo margen de error que estadísticamente se evidencia en la transferencia de la información, desde una perspectiva neurobiológica cuantificando como ejemplo, las variaciones de actividad que existen tan solo, en el cúmulo de espinas dendríticas que conforman una neurona del circuito tálamo-cortical; o con más énfasis, analizando muchas variables, entre ellas a W_{ij}, el "peso sináptico" que se contempla en los modelos de redes neuronales estudiados en las neurociencias computacionales *(Cfr. Módulo 40)*.

Un justificante a lo anterior, se apoya originalmente en la «Conjetura Maldacena». Desde el punto de vista de la geometría presente en los espacios con curvatura; la posición de las D-Branas, su configuración vibrátil en el espacio-tiempo y el comportamiento remanente de las mismas en su cualidad de enganche con las demás, tiene un horizonte no conmutativo que geométricamente podría semejar un comportamiento de transición de las D-Branas, hacia lo que relativamente constituiría un agujero negro (Maldacena, 1996). Esta famosa proposición, rubricada en la tesis doctoral de Juan Martín Maldacena del Instituto de Estudios Avanzados de Princeton, ayudó al replanteamiento y a la creación de un nuevo concepto de dualidad, que define a la gravedad cuántica presente en la geometría de los espacios con curvatura, supersimétricos o de simetría conforme (Ads/CFT)[10], para diferenciar los acoplamientos entre D-Branas adaptados a modelos escalares micro y macrofísicos (Gubser *et al*, 1998), además de un modelo de deconstrucción de la geometría explicando la no conmutatividad que identifica el álgebra de matrices conocido como "Teoría de matrices BFSS"[11] y acercándose

---

[10] Una reinterpretación de la dualidad **Ads/CFT** establece un puente entre entidades de simetría conformacional para acoples fuertes y débiles. **Ads**: *Anti De Sitter Spacetime*: una aproximación espacio-tiempo conveniente a bajas energías y con acoplamiento débil, y, **CFT:** *Conformal Field Theory*, teorías de campo que fundamentan la supersimetría de otras formas de acople. **Witten E (1998) Anti de** Sitter Space and Holography. **Adv.Theor.Math.Phys. 2 (1998) 253-291.**

[11] La abreviatura del sistema, corresponde a los apellidos de sus autores, registrados en estricto orden alfabético. Son ellos, Thomas Banks, de la Universidad de Rutgers, William Fischler de la Universidad de Texas, Stephen Shenker y Leonard Susskind de la Universidad de Stanford. **Banks T,**

a la comprensión del espacio-tiempo de Minkowsky, pero ahora con once dimensiones. La física actual, la de plenos albores del siglo XXI, se debate en conjuntar un "imperativo categórico" o una teoría *unificada* que incluya "*el todo universal*", procurando que al menos, varios modelos de deconstrucción geométricos adaptados a la no conmutatividad cuántica sean codificados con éxito para explicar de manera indiscutible, el espacio-tiempo multidimensional ('t Hooft G et al, 2005).

La contribución espacio-temporal en la figura del patrón fractal coincidente (⚕) adaptada a la fenomenología de la comunicación nerviosa en sus categorías más elementales (desde la interacción molecular dentro de la neurona o la presente en la hendidura sináptica, hasta la integración neuromuscular, la estructuración del pensamiento y la emergencia de la conciencia en todos sus niveles), establece con cierto pragmatismo, la posibilidad real de encontrar una extrapolación geométrica -mediante una óptima adaptación de los procedimientos ecuacionales asociados a la deconstrucción espaciotemporal- que trascienda la multivectorialidad de estas supercuerdas planteada durante los últimos años, respecto

---

Fischler W, Shenker S, Susskind L (1997). Phys Rev D; 55: 5112–5128.

al análisis transdimensional de los espacios con curvatura y su relevancia en la física cuántica contemporánea.

La unidad vectorial espacio-temporal fractalizada en los pequeños espacios intersinápticos, debe ser aplicable, como una más de las opciones para intentar comprender los diferentes mecanismos implicados en la comunicación nerviosa.

LECTURAS RECOMENDADAS

't Hooft G, Susskind L, Witten E, Fukugita M, Randall L, Smolin L, Stachel J, Rovelli C, Ellis G, Weinberg S, Penrose R. (2005) A theory of everything? Nature. 433(7023):257-9.

Albert A (1972) Regression and the Moore-Penrose Pseudoinverse. Academic Press. NY

Banks T. (2004) The cosmological constat problem. Physics today. 57(3): 46-51

Boussso R & Polchinsky J (2004) The string theory landscape. Sci. Am. 291 (3) 61-69

Connes Alain (1990) Géométrie Non Conmutative. Ed. Intereditions, París.

Einstein A. (1916) The foundation of general theory of relativity. In: The principle of relativity. Ed. Sommerfield A. Pg 111-164. Dover. NY.

Fernández Barbón JL (2005) Geometría no conmutativa y espacio-tiempo cuántico. Sci. Am. L.A 32: 60-69

Gell-Mann M (1964) Nonleptonic Weak Decays and the Eightfold Way, Phys. Rev. Lett. 12, 155.

Greene, B (1999) The Elegant Universe: superstrings, hidden dimensions and the quest for the Ultimate Theory. Random House eds.

Green, MB, Schwarz, JH, Witten, E. (1987) Superstring Theory. Vols. I and II. Cambridge, U.K. Cambridge Univ. Press.

Gubser SS, Klebanov IR & Polyakov AM (1998) Gauge Theory correlators from Non-critical string theory. Phys. Lett. B428 : 105   [hep-th/9802109]

Bibliografía   "Sub-Apéndice   Cuántico"

Heisenberg W (1927) « Über die Grundprinzipien der 'Quantenmechanik. » *FF Forschungen und Fortschritte 3,* no. 11, 83.

Maldacena JM (1996) Black Holes in String Theory. Tesis doctoral Institute for Adavanced Studies, Princeton University. In: hep-th/9607235

Ouspensky PD (1911) *Tertium Organum: The Third Canon of Thought, a Key to the Enigmas of the World.* (Translated from the Russian by Nicholas Bessaraboff and Claude Bragdon) Rochester, N.Y.: Manas Press, 1920 & London: Kegan Paul, Trench, Trubner, 1923.

Scherk J, Schwarz J H. Nucl Phys B 1974;**81**:118–144

Strominger A & Vafa C (1996) Microscopic Origin of the Bekenstein-Hawking entropy. Phys Lett B 379:99-104. hep-th/9601029

Townsend PK (1997) "Brane Surgery". Nucl.Phys.Proc. Suppl. 58 : 163-175.   hep-th/9609217.

Witten E (1998) Anti de Sitter Space and Holography. Adv.Theor.Math.Phys. 2 (1998) 253-291.

BIBLIOGRAFIA REFERENCIAL
LIBRO ONCE
(Lecturas Recomendadas y **Esenciales**)

Ackley D, Hinton GE & Sejnowsky TJ (1985) A learning algorithm for Boltzmann machines. Cogn. Science 9:147-69.

Aguirre GK & D'esposito (1998) Neural components of topographical representation. Proc. Natl. Acad. Sci. USA. 95:839-846

Albert A (1972) Regression and the Moore-Penrose Pseudoinverse. Academic Press. NY

Albright TD, Desimone R & Gross CG (1984) Columnar organization of directionally selective cells in visual area MT of the macaque . J. Neurophysiol 51:16-31.

Anastasio TJ & Robinson DA (1989). Distributed Parallel prcessing in VOR. Neural comput. 230-241

Anastasio TJ, Patton PE, Belkacem-Boussaid K. (2000) Using Bayes' rule to model multisensory enhancement in the superior colliculus. Neural Comput. 12:1165-87.

Arbib M & Amari SJ (1985) Sensoriomotor transformation in the brain with a critique of tensor network theory of the cerebellum. J. Theor. Biol. 112:123-55

Atherton M, Zhuang JC, Bart WM, Hu X & He S. (2003) A functional MRI study of High level cognition. I, the game of Chess. Cogn. Brain. Res. 16:26-31

Baars B & Gage NM (2010) Cognition, Brain and Consciousness: An Introduction to Cognitive Neuroscience. (Second Edition). London: Elsevier, Academic Press.

Buzsáki G (2002) Theta oscillations in the hippocampus. Neuron. 33: 325-340.

Buzsáki G (2006) Rhythms of the Brain.Oxford University Press. 1-447.

Cabeza R & Nyberg L (2000) Imaging cognition II. An empirical review of 275 PET and fMRI studies. J. Cogn. Neurosci. 12:1-47.

Carpenter MB and Sutin J 1983 Human Neuroanatomy. 8 Th ed. Batimore. Williams & Wilkins/

Changeux JP & Dehaene S. (1989) Neuronal models of cognitive functions. Cognition. 33:63-109.

Chen X, Zhang D, Zhang X, Li Z, Meng X, He S & Hu X. (2003)

Functional MRI study of high level cognition: The Game of Go. Cogn. Brain Res. 16:32-37

Churchland PS, Churchland PM (2002) Neural worlds and real worlds. Nat Rev Neurosci. 3:903-7.

Correa FG, Hernangómez M & Guaza C (2013) Understanding microglia-neuron cross talk: relevance of the microglia-neuron cocultures. Methods Mol Biol. 1041:215-29.

Courtney SM, Petit L, Maisog JM, Ungerleider LG & Haxby JV (1998) An area specialized for spatial working memory in human frontal cortex. Science 279:1347-51.

Crick F & Koch C (2003) A framework for consciousness. Nature Neurosci. 119-126.

DeFelipe, J. (1999) Chandelier cells and epilepsy. Brain 122, 1807-1822.

DeFelipe J, Ballesteros-Yanez I, Inda MC, Munoz A (2006) Double-bouquet cells in the monkey and human cerebral cortex with special reference to areas 17 and 18. Prog Brain Res. 154:15-32.

del Rio, M. R. & DeFelipe, J. (1997) Colocalization of parvalbumin and calbindin D- 28k in neurons including chandelier cells of the human temporal neocortex. J. Chem. Neuroanat. 17, 165-173.

Desimone R, Schein SJ, Moran J & Ungerleider LG (1985) Contour, color and shapes analysis beyond the striate cortex. Vision Res. 25:441-452

Doyon J, Penhune V, Ungerleider LG. (2003) Distinct contribution of the cortico-striatal and cortico-cerebellar systems to motor skill learning. Neuropsychologia. 41:252-62.

Eccles JC (1964) Presynaptic Inhibition in the spinal cord. Prog Brain Res. 12:65-91

Edelman GM (1993) Neural Darwinism: Selection and reentrant signaling in higher brain function. Neuron: 10:115-125

Einstein A. (1916) The foundation of general theory of relativity. In: The principle of relativity. Ed. Sommerfield A. Pg 111-164. Dover NY. Cit in Pellionisz & Llinás, 1985.

Feldman JA & Ballard DH (1982) Connectionists models and their properties. Cognitive Sci. 6:205-254.

Fiez JA. (1996) Cerebellar contributions to cognition. Neuron 16:13-15.

Fiori S (2005). Nonlinear complex-valued extensions of Hebbian learning: an essay. Neural Comput. 17(4):779-838.

Fuster, J. (2008). The Prefrontal Cortex, 4th Edn. San Diego: Academic Press.

Gallese V, Fadiga L, Fogassi L & Rizzolatti G (1996) Action recognition in the premotor cortex. Brain. 119: 593–609.

Geman S & Geman D (1984) Stochastic Relaxation, Gibbs distributions and the bayesian restoration of images. IEEE Transactions of pattern analysis and machine intelligence, 6, 721-741. CIT in: Hinton & Sejnowsky, 2001.

Georgopoulos AP, Schwartz AB, & Kettner RE (1986) Neuronal population coding of movement direction. Science 233:1416-1419

Goldman-Rakic PS, Nauta WH. (1977) Columnar distribution of cortico-cortical fibers in the frontal association , limbic and motor cortex of the developing rhesus monkey. Brain Res. 122:393-413

Goldman Rakic PS (1984)Modular organization of prefrontal cortex *TINS* 11:419-24

Goldman-Rakic PS (1996) Regional And Cellular Fractionation Of Working Memory Proc Natl Acad Sci U S A. 93:13473–13480

Goldman-Rakic PS (2002) The Psychic Cell of Ramon y Cajal. Prog. Brain Res. 136: 427-434.

Gonchar Y, Tutney S, Price JL & Burkhalter A. (2002) Axo-axonic synapses formed by somatostatin-expressing GABAergic neurons in rat and monkey visual cortex. J. Comp. Neurol. 443, 1-14.

Gonshor A & Melville-Jones G (1973) Changes of human vestibulo-ocular response induced by vision-reversal during head rotation. J. Physiol.Lond. 234:102-3

Gupta A, Wang Y & Markram H (2000). Organizing principles for a diversity of GABAergic interneurons and synapses in the neocortex. Science. 287(5451):273-8

Heisenberg W (1927) « Über die Grundprinzipien der 'Quantenmechanik. » *FF Forschungen und Fortschritte 3,* no. 11, 83.

Heisenberg W (1932) Nobel Lectures. Physics, 1901-2000, World Scientific Publishing co.

Hinton G.E. (1992) How neural networks learn from experience. Sci. Am. 267(3): 145-52

Hopfield JJ (1982) Neural Networks and physical systems with emergent collective computational abilities. Proc. Natl. Acad. Sci. USA. 79:2554-2558.

Katz B. (1969). The release of neural transmitter substances . Thomas Ed. Springfield, Illinois.

Kohonen T, Hari R. (1999) Where the abstract feature maps of the brain might come from. Trends Neurosci. 22:135-9.

Lang A, Vernet M, Yang Q, Orssaud C, Londero A & Kapoula Z. (2013) Differential auditory-oculomotor interactions in patients with right vs. left sided subjective tinnitus: a saccade study. Front Hum Neurosci. Feb 26;7:47.

Leisman G & Koch P (2009) Networks of conscious experience: computational neuroscience in understanding life, death, and consciousness. Rev Neurosci. 20 (3-4): 151-76.

Lorente de Nó R. (1933) Vestibulo-Ocular Reflex arc. Archs. Neurol. Psychiat. Chicago. 30:245-91. Cit. en: Pellionisz & Llinás, 1985

Lorente de Nó R (1938) The cerebral cortex. Architecture, intracortical connectins and motor projections IN: Fulton H. Physiology of the nervous system. Oxford University Press. Cit. en: Mountcastle, 1997.

Mandelbrot B (1977) Fractals : From, change and dimension. San Francisco: W. H. Freeman, ed.

Marchetti B (1997). Cross-talk signals in the CNS: role of neurotrophic and hormonal factors, adhesion molecules and intercellular signaling agents in luteinizing hormone-releasing hormone (LHRH)-astroglial interactive network. Front Biosci. 2:d88-125.

Markram H, Toledo-Rodriguez M, Wang Y, Gupta A, Silberberg G, Wu C. (2004) Interneurons of the neocortical inhibitory system. Nat Rev Neurosci. 5(10):793-807

Marr D & Poggio T (1976) Cooperative computation of stereo disparity. Science 194:383-87.

Mc Culloch WS & Pitts WH (1943) A logical calculus of the ideas immanent in nervous activity. Bull. Math. Biophys. 5:115-133. Cit en: Von der Malsburg C. (1999) The What and Why of Binding: Modeler's perspective. Neuron: 24:95-104.

Meyer G (1987) Forms and spatial arrangements of neurons in the primary motor cortex of man. J. Comp. Neurol. 262:402-28

Milner P (1974) A model for visual shape recognition. Psychol. Rev. 81:521-35. Cit. en: Von Der Malsburg, 1999

Misra, B & Sudarshan E.C.G (1977). The Zeno's paradox in quantum theory. *J. Math Phys.* 18, 756-763.

Montague PR, Gally JA & Edelman GM (1991) Spatial signaling in the development and function of neural connections.Cereb Cortex. 1:199-220.

Mountcastle VB (1957) Modality and topographic properties of single neurons of cat's somatic sensory cortex. J. Neurophysiol. 4:1-24

Mountcastle VB (1978) An organizing principle for cerebral function. En: Edelman GM & Mountcastle VB Eds. The Mindful Brain, Cambridge MA.

Moussoris J (1974) Gibbs and Markov random systems with constraints. J. Statistical Physics. 10:11-33. CIT in: Hinton & Sejnowsky, 2001.

Newborn M. (2000) Deep blue's contribution to AI. Ann. Math. Artif. Intell. 28:27-30. Cit. en: Atherton et al, 2002.

Necker LA (1832) Observations on some remarkable phenomena seen in

Switzerland: an optical phenomenan which occurs on viewing of a crystal or geometrical solid. Philos. Mag. 3:329-37. Cit En: Churchland PS. (2003) The Brain-Wise. MIT Press.

Nichols JG, Fuchs PA, Martin AR, Wallace BG (2000) From Neuron to Brain 4th ed. Sunderland MA Sinauer.

Pellionisz A (1970) Computer simulation of the pattern transfer of large cerebellar neuronal fields. Acta Biochim. Biophys. Hung. 5:71-79. Cit in: Pellioniz & Llinás, 1985.

Pellionisz A (1983) Brain Theory: Connecting neurobiology to robotics. Tensor analysis utilyzing intrinsec coordinates to describe, understand, and engineer functional geometries of intelligent organisms. J. Theor. Neurobiol. 2:185-213.

Pellionisz A (1984) Coordination: a vector matrix description of transformation of overcomplete CNS coordinates and a tensorial solution using the Moore-Penrose generalized inverse. J. Theor. Biol. 110:353-75

Pellionisz A (1988) Tensorial aspects of the multidimesional massively parallel sensorimotor function of neuronal networks. Prog. Brain. Res. 76:341-54.

Pellionisz A & Szentágothai J (1973) Dynamic single unit simulation of a realistic cerebellar network model. Brain Res. 49(1):83-99

Pellionisz A & Llinás RR (1979) Brain Modeling by tensor network theory and computer stimulation. The cerebellum distributed processor for predictive coordination. Neuroscience 4:323-48.

Pellionisz A & Llinás R (1985) Tensor Network theory of the metaorganization of functional geometries in the central nervous system. Neuroscience 16:245-73

Pellionisz AJ & Ramos FC (1993) Geometrical Approach to neural net control of movements and posture. Prog. Brain .Res. 97:245-256.

Pessoa L, Ungerleider LG. (2004) Neuroimaging studies of attention and the processing of emotion-laden stimuli. Prog Brain Res. 144:171-82.

Pessoa L, McKenna M, Gutierrez E, Ungerleider LG. (2002) Neural processing of emotional faces requires attention. Proc Natl Acad Sci U S A. 99:11458-63.

Pettofrezzo AJ (1966) Matrices and transformation. Dover NY.

Purves D, Augustine GJ, Fitzpatrick D, Katz LC, Lamantia A-S, McNamara JO, Williams SM (2001) Neuroscience. Sinauer Associates Inc, Publishers Sunderland Mass.

Pylyshyn Z (1980) Computation and cognition: Issues in the foundation of cognitive science. Behav. Brain Sci. 3-1: 111-34

Rakic PO (2002) Concepts of Cortical Radial and areal specification. Prog Brain Res. 136: 265-80.

Ramón y Cajal, S. (1895) Algunas conjeturas sobre el mecanismo anatómico de la asociación, la ideación y la atención. Revista de Medicina y Cirugía Prácticas. Madrid.

Reisine H, Raphan T (1992). Neural basis for eye velocity generation in the vestibular nuclei of alert monkeys during off-vertical axis rotation. Exp Brain Res. 92(2):209-26.

Rizzolatti G, Fadiga L, Gallese V & Fogassi L (1996). Premotor cortex and the recognition of motor actions. Brain Res Cogn Brain Res. 3(2):131-141.

Rizzolatti G & Craighero L (2004) The mirror-neuron system. Annu Rev Neurosci. 27:169-192.

Rosenblatt F (1961) Principles of neurodynamics: Perceptions and the theory of brain mechanisms. Wash. DC. Spartan Books. CIT IN: Von der Malsburg, 1999.

Ross PE (2006) The expert mind. Sci. Am. 295(2):64-71

Rudomin P. (1967) Presynaptic inhibition induced by vagal afferent volleys. J Neurophysiol. 30(5):964-81

Rudomin P. (2009) In search of lost presynaptic inhibition. Exp Brain Res. 196(1):139-51.

Rumelhart D & McClelland J. (1986) On learning the past tenses of english verbs. Implicit rules of parallel distributed processing? The PDP Research Group (Eds). Cambridge MA. MIT Press.

Rumelhart DE & Zipzer D (1985) Feature discovery by competitive learning. Cognitive Science 9:75-112

Rumelhart DE, Hinton GE & Williams RJ (1986 a) Learning representation by back propagating errors. Nature 323: 533-36.

Rumelhart DE, Smolensky P, McLelland JL & Hinton GE (1986 b) Schemata and sequential thought proceses in PDP models. In: Parallel Distributed Processing: explorations in the microstructure of cognition. Vol I. Foundations. Mc Clelland JL & Rumelhart DE, (1986). MIT press.

Selemon, L. D. & Goldman-Rakic, P. S. (1988). Common cortical and subcortical targets of the dorsolateral prefrontal cortex and posterior parietal cortices in the *rhesus monkey*: Evidence for a distributed neural network subserving spatially guided behavior. *J. Neurosci.* 8, 4049–4068.

Sejnowsky TJ & Churchland PS (1992) The computational Brain. MIT Press.

Siegel GJ, Albers RW, Brady ST & Price DL (2012) Basic Neurochemistry. Molecular, Cellular and Medical Aspects. 8th. Edition. Lippincott-Raven Publishers, Phil.

Singer W (2001) Consciousness and the binding problem. Ann. NY. Acad. Sci. 929:123-146

Smolensky P (1983) Schema selection and stochastic inference in modular environments. Proceedings of the national conference on artificial intelligence. AAAI 83:109-113. Cit. en: Hinton & Sejnowsky, 2001

Sporns O, Tononi G & Edelman GM (1991) Modeling perceptual grouping and figure-ground segregation by means of active reentrant connections. Proc. Natl. Acad. Sci. USA. 88:129-33.

Sporns O (2006). Small-world connectivity, motif composition, and complexity of fractal neuronal connections. Biosystems. 85(1):55-64.

Squire L, Berg D, Bloom FE, Du Lac S, Ghosh A & Spitzer NC, (2012) Fundamental Neuroscience. Academic Press. Fourth Ed.

Stapp HP (2009) Mind, Matter, and Quantum Mechanics. Springer, Berlin & New York. Third Edition. (First Edition, 1993).

Stapp HP (2003) The Observer" in Physics and Neuroscience. Memories of The Tucson conference on "Quantum Approaches to the Understanding of Consciousness," Tucson, AR, 2003.

Sternberg RJ (2000) Cognition: the holy grial of general intelligence. Science 289:399-401.

Steriade M. (2004) Neocortical cell classes are flexible entities. Nat Rev Neurosci. 5: 121-34.

Szentagothai J & Arbib MA. (1974) Conceptual models of neural organization. *Neurosci. Res. Prog. Bull.* 12, 306-310.

Tiesinga PHE & Sejnowski TJ (2004) Rapid temporal modulation of synchrony by competition in cortical interneuron networks. Neural Comput. 16: 251-275.

Treisman A (1995) Modularity and attention: is the binding problem real? Visual Cogn. 2:303-311

Von der Malsburg C. (1999) The What and Why of Binding: Modeler's perspective. Neuron: 24:95-104.

Voogd J & Glickstein M (1998) The anatomy of cerebellum. TINS 21: 370-75

Wittgenstein L. (1929-30) "*Ethik*". In: *Neue Zürcher Zeitung, 1968, 27:49.* **From English Translation, The Philosophical Review (1965) 74: 3-12.**

Wrede RC (1972) Introduction to vector and tensor analysis. Dover, NY.

Zambrano Y (2014 a) En Busca del Pensamiento Perdido: Algunas Disquisiciones Sobre la Frenología y la Topografía Cortical. NBI Editores.

Zambrano Y (2014 b) Qué es un Modelo Neuronal. **REDES NEURONALES II.** NBI, Editores.

Zambrano Y (2014 c) Hablando se Entiende la Gente. Neurobiología del Intelecto. NBI Editores.

Zambrano Y (2014 d) El Procesamiento de la Información Intelectual **REDES NEURONALES I,** NBI Editores.

Zambrano Y (2014 e) La Sublimación del Intelecto. Ensayos Neuroepistemológicos. NBI Editores.

Zambrano Y (2014 f) Atención: Sinapsis Trabajando. *Summa Neurobiológica,* NBI Editores.

Zeki S (1974) Singular organization of a visual area in the posterior bank of the superior temporal sulcus of the *rhesus monkey*. J. Physiol. 236:549-73.

Zemel RS (1993) A minimum description length framework for unsupervised learning, Ph D, Thesis, Computer Science Department, Univ. Toronto, Canadá.

www.ingramcontent.com/pod-product-compliance
Lightning Source LLC
Chambersburg PA
CBHW060844170526
45158CB00001B/232